Basanta Kumar Swain
Sanghamitra Mohanty

Identificação do orador utilizando SVM durante o reconhecimento de fala em Oriya

Basanta Kumar Swain
Sanghamitra Mohanty

Identificação do orador utilizando SVM durante o reconhecimento de fala em Oriya

ScienciaScripts

Imprint
Any brand names and product names mentioned in this book are subject to trademark, brand or patent protection and are trademarks or registered trademarks of their respective holders. The use of brand names, product names, common names, trade names, product descriptions etc. even without a particular marking in this work is in no way to be construed to mean that such names may be regarded as unrestricted in respect of trademark and brand protection legislation and could thus be used by anyone.

Cover image: www.ingimage.com

This book is a translation from the original published under ISBN 978-620-8-11893-8.

Publisher:
Sciencia Scripts
is a trademark of
Dodo Books Indian Ocean Ltd. and OmniScriptum S.R.L publishing group

120 High Road, East Finchley, London, N2 9ED, United Kingdom
Str. Armeneasca 28/1, office 1, Chisinau MD-2012, Republic of Moldova, Europe
Printed at: see last page
ISBN: 978-620-8-35798-6

Este livro é dedicado aos meus adoráveis e venerados pais

Fonte da minha iluminação na busca do conhecimento para o destino da vida, desde criança a homem adulto.

AGRADECIMENTOS

Antes de mais, gostaria de expressar a minha profunda gratidão à minha orientadora, Prof. (Dr.) Sanghamitra Mohanty, pelo seu incentivo e orientação na minha investigação de doutoramento. Dr. Sanghamitra Mohanty, pelo seu encorajamento e orientação na minha investigação de doutoramento. Estou grato pela sua personalidade sanguínea e pelo apoio que me tem dado ao longo dos anos, através da leitura e edição meticulosas das minhas publicações de investigação, de sugestões valiosas e de críticas dignas de louvor, e também por me ter dado amplas oportunidades de realizar o meu trabalho de investigação de acordo com as necessidades do momento. Para além dos fundamentos do processamento da fala e da realização de experiências científicas, aprendi muito com ela, desde a pontualidade, a imparcialidade, a integridade, a dedicação à educação até ao reforço das competências profissionais para atingir o zénite da vida futura.

Ao longo dos anos, beneficiei muito da interação com cientistas, professores e investigadores da tecnologia de processamento da fala que trabalham no TIFR-Mumbai, no CDAC-Kolkata, no Centro de Investigação AU-KBC da Universidade de Anna, na Universidade de Osmania-Hydrabad, etc. Agradeço-lhes do fundo do coração.

Estou muito grato ao DIT e ao MCIT, Governo da Índia, por terem concedido a bolsa de estudo no início do meu trabalho de investigação no Laboratório ILTR, Universidade Utkal, Bhubaneswar, Odisha.

Estou igualmente grato ao Sr. G. Prusty, de Bhubaneswar, e ao Prof. Binod Pattanaik, de Bhawanipatna, por me terem tratado como um membro da sua família durante a minha estadia nas duas cidades, ambiente que me ajudou a prosseguir o trabalho de investigação de forma ininterrupta.

Não é demais agradecer ao Serviço Vividh Bharati da All India Radio por me manter energizado e estimulado durante as noites em que grande parte desta tese e dos artigos de investigação foram escritos.

Finalmente, inclino a minha cabeça perante os meus pais - Prof. Bijaya Kr Swain e Sra. Shantilata Swain - pelo seu imenso amor, apoio férreo, motivação eterna e fé cega em mim. Obrigada, papá, por estar sempre presente para me ouvir quando eu estava entusiasmada com alguma coisa e por se interessar pelo meu trabalho. São uma inspiração incrível para mim e de forma alguma estaria onde estou hoje sem a sua chuva de bênçãos no meu caminho em direção ao destino final da vida.

A expressão de gratidão é diretamente um serviço a Deus, eu sou simplesmente um instrumento - "Nimitta" nas Suas mãos e faço o que Ele me manda fazer, sem qualquer ressentimento.

RESUMO

O trabalho nesta tese centra-se no estabelecimento das duas tarefas no domínio da engenharia da fala: identificação do orador e reconhecimento da fala. A tarefa de identificação do orador dá a informação sobre o orador, ou seja, "quem o disse", e a tarefa de reconhecimento do discurso prevê "o que foi dito" pelo orador. A conglomeração de duas técnicas pode ser utilizada para o desenvolvimento de um reconhecedor de voz baseado na biometria da voz. O sistema tradicional de reconhecimento do discurso apenas converte o discurso de entrada em texto. Mas um reconhecedor de voz biométrico não só traduz o discurso para texto como também verifica a identidade do orador. Assim, o trabalho de investigação intitulado irá hibridizar os dois fenómenos distintos de processamento da fala para proporcionar uma multiplicidade de benefícios aos utilizadores finais. Muitos contributos foram dedicados por cientistas e investigadores do processamento da fala em todo o mundo para as línguas faladas em inglês e não inglês. Mas, até à data, a investigação sobre a língua falada em Oriya é muito escassa. Este trabalho de investigação é uma contribuição completamente nova para a língua Oriya, que é uma das línguas oficiais indianas reconhecidas. Nesta tese, são tidos em conta vários aspectos. Os algoritmos de reconhecimento de padrões estatísticos são utilizados no desenvolvimento da identificação do locutor e do reconhecimento da fala em Oriya. A tarefa de identificação do orador baseia-se no algoritmo Support Vetor Machine (SVM), enquanto o algoritmo Hidden Markov Model (HMM) é utilizado no desenvolvimento do motor de reconhecimento da fala Oriya. Outras técnicas eficazes, como o Dynamic Time Warping (DTW), a rede neural de retropropagação baseada na ontologia (BPFF), a k-vizinhança, etc., também foram revistas e analisadas do ponto de vista da identificação do orador e do desempenho do reconhecimento da fala em língua Oriya. No entanto, a SVM é utilizada para o desenvolvimento da identificação do orador porque não só minimiza o número de erros de classificação no conjunto de treino como também lida com vectores de entrada de dimensionalidade muito elevada. Isto deve-se ao facto de a função kernel estar envolvida no classificador SVM para maximizar a margem que reduz o erro de classificação. O HMM é selecionado para o desenvolvimento do motor de reconhecimento da fala em Oriya porque é um modelo matemático forte que pode incorporar as caraterísticas da fala em Oriya de forma mais próxima para a robustez e a precisão do reconhecimento da fala humana.

O foco seguinte apontado neste trabalho de investigação é encontrar as caraterísticas salientes do sinal de fala que serão utilizadas pelo algoritmo de reconhecimento de padrões para obter melhores resultados finais. Vários parâmetros da fala, como a frequência fundamental, as primeiras doze frequências dos formantes, o MFCC e o GFCC, foram também investigados do ponto de vista dos objectivos de identificação do locutor e de reconhecimento da fala. Esta tese aborda o GFCC como vetor de caraterísticas para a tarefa de identificação do locutor e o MFCC juntamente com as suas primeiras e segundas derivadas para o reconhecimento da fala em Oriya. O GFCC e o MFCC têm as suas próprias caraterísticas de superioridade. Verifica-se que os parâmetros GFCC têm um melhor desempenho em comparação com outros vectores de caraterísticas da fala em condições de ruído. Mas o MFCC é relevante para o mecanismo auditivo dos seres humanos.

O corpus de fala é a unidade integral de qualquer aplicação de processamento de fala. Devido à indisponibilidade de um corpus de fala em Oriya de domínio público, estabelecemos dois corpora de fala diferentes em língua Oriya para atingir o objetivo da investigação. O primeiro corpus é gravado para a tarefa de identificação do locutor, que consiste numa frase de passagem dependente do utilizador, numa frase solicitada e numa frase de passagem única. A segunda categoria de corpus de discurso é utilizada para efeitos de reconhecimento do discurso em Oriya. O conteúdo do corpus de reconhecimento da fala em Oriya utilizado neste trabalho de investigação é constituído por dígitos Oriya isolados, dígitos Oriya contínuos, perguntas fechadas, frases curtas no domínio do turismo e da biblioteca universitária, palavras Oriya isoladas pertencentes aos sectores da agricultura, das viagens e do turismo na Índia.

O desempenho da identificação do locutor e do reconhecimento da fala começa a diminuir drasticamente na presença de um ambiente ruidoso. Para lidar com esta situação, é utilizado um filtro de Wiener adaptativo e iterativo baseado em duas estatísticas da fala, ou seja, a média e a variância, para que o objetivo da investigação seja bem servido.

ÍNDICE DE CONTEÚDOS

ABREVIATURAS

ACF	Auto Correlation Function
ASR	Automatic Speech Recognition
DCT	Discrete Cosine Transformation
DTW	Dynamic Time Warping
ERB	Equivalent Rectangular Bandwidth
ERM	Empirical Risk Minimization
FFBPNN	Feed Forward Back Propagation Neural Network
FFT	Fast Fourier Transform
GFCC	Gammatone Frequency Cepstral Coefficient
GMM	Gaussian Mixture Model
HCI	Human Computer Interaction
HMM	Hidden Markov Model
k-NN	k-Nearest Neighbour
LM	Language Model
LPC	Linear Predictive Coding
MFCC	Mel Frequency Cepstral Coefficient
RBF	Radial Basis Function
RKHS	Reproducing Kernel Hilbert Space
SVM	Support Vector Machine

CAPÍTULO-1

INTRODUÇÃO

"*A imaginação é o princípio da criação. Imagina-se o que se deseja, deseja-se o que se imagina e, por fim, cria-se o que se deseja.*"- **George Bernard Shaw**

A comunicação por voz desempenha um papel fundamental na atual interação homem-máquina. A procura de substituição dos dispositivos de entrada convencionais, como o rato e o teclado, pelo controlo por voz está a aumentar devido ao conforto, à velocidade de entrada e, de preferência, ao modo natural de comunicação. A eficiência da linguagem falada é muito surpreendente e atractiva, porque uma pessoa não profissional pode introduzir cerca de 20 palavras utilizando o teclado e escrever 24 palavras por minuto, mas a mesma pessoa é capaz de proferir, em média, 150 palavras por minuto [1]. Para além destas vantagens, a utilização da fala parece crucial em determinadas situações em que a interação mãos-livres e olhos-livres é inevitável, especialmente em aplicações destinadas a pessoas com deficiências físicas. Todas estas vantagens justificam a investigação no domínio do processamento da fala, bem como a integração de tecnologias baseadas na fala no que respeita ao sistema de linguagem falada homem-máquina.

Sempre que alguém faz uma declaração, não só comunica uma mensagem composta por palavras e frases com um significado específico, mas também o mesmo sinal de fala contém informações sobre a pessoa e o seu estado mental ou físico. Esta informação pode, por vezes, ser utilizada pelos ouvintes, embora a tecnologia aplicada descreva e classifique diferentes oradores e, consequentemente, a idade, o sexo, o sotaque, a língua, a emoção, as condições físicas, etc., dos oradores podem ser categorizados para servir um objetivo [2].

Nos serviços informáticos avançados emergentes, os computadores interpretam as perguntas e respostas das pessoas em modo de voz, a fim de apoiar o objetivo de comunicação. A tarefa é realizada através da tradução do discurso, que reconhece o discurso de entrada da língua de origem, traduz o texto do reconhecedor para o texto da língua de destino e sintetiza o texto traduzido em discurso audível na língua de destino. A identificação automática da língua é também utilizada pelo tradutor de voz para identificar a língua de origem proferida pela pessoa para encaminhar o discurso para o sistema correspondente. A tradução de fala para fala desempenha um papel fundamental na comunicação homem-máquina em linguagem natural [3,4]. O sistema proporciona inúmeras vantagens em termos de facilidade de utilização, capacidade de funcionamento e obtenção de resultados finais. O sistema exige que possa ser utilizado tanto por seres humanos normais como por pessoas com deficiências físicas. O sistema é independente da consulta baseada em texto, o que significa que aceita a consulta em linguagem natural do utilizador, de modo que o sistema é bem operacional tanto para o grupo de alfabetizados como para o de analfabetos. Finalmente, o resultado final do sistema é uma saída de voz que é bem compreensível para pessoas alfabetizadas, analfabetas, normais e com deficiências físicas [5, 6, 7].

O reconhecimento biométrico de uma pessoa a partir da voz é uma das áreas modernas de investigação da linguagem falada. O reconhecimento do locutor tem por objetivo extrair pistas sobre a identidade da pessoa que esteve na origem da emissão de uma determinada amostra de voz. O reconhecimento do locutor divide-se em duas tarefas específicas, ou seja, a verificação e a identificação [8]. Na verificação do locutor, o objetivo é determinar, a partir de uma amostra de voz, se uma pessoa é quem afirma ser. Na identificação do locutor, o objetivo é determinar qual das vozes do grupo de vozes conhecidas corresponde melhor à amostra de voz de entrada. O reconhecimento do altifalante pode ainda ser classificado em dois tipos: sistema dependente do texto ou sistema independente do texto. No sistema de reconhecimento de altifalantes dependente do texto, pede-se ao altifalante que pronuncie uma frase pedida ou fixa. O reconhecimento dependente do texto é utilizado em aplicações com uma forte influência do utilizador. Tem a vantagem de aumentar o desempenho do reconhecimento devido ao conhecimento prévio do texto falado. Mas, pelo contrário, o reconhecimento do locutor independente do texto não tem conhecimento prévio do texto falado pela pessoa. É geralmente utilizado em aplicações com menos controlo sobre a entrada do utilizador[9, 10].

Há duas fases operacionais distintas envolvidas na identificação do orador, nomeadamente, o treino (também chamado registo) do discurso de cada orador conhecido e verificado. Assim, para todos os oradores que precisam de ser identificados, os modelos de oradores são construídos através da fase de treino. Esta fase é normalmente efectuada off-line como parte da configuração do sistema e antes de o sistema ser implantado. A segunda fase é a fase de teste, em que o discurso de um enunciado desconhecido é comparado com os modelos de altifalantes treinados [11, 12].

Outra abordagem de reconhecimento de padrões no processamento da fala é o reconhecimento da fala que se centra no que é dito pelo utilizador [13]. O impacto do sistema biométrico baseado na voz é ampliado no momento em que é fundido com o sistema de reconhecimento da fala. A hibridação do reconhecimento da fala e da identificação do orador será útil para extrair informação privada e vital numa abordagem devidamente autorizada [14].

Nos dias de hoje, no mercado digital, muitos utilizadores dependem diretamente dos computadores para obter os dados necessários. A técnica de reconhecimento automático da fala (ASR) será útil para obter os dados utilizando uma consulta baseada na fala, que é mais abrangente para todas as classes de utilizadores, nomeadamente alfabetizados, analfabetos, qualificados, não qualificados, pessoas com deficiência, etc. Assim, a conglomeração da identificação do orador com o reconhecimento da fala é muito essencial do ponto de vista da possível utilização indevida do acesso direto à informação [15]. O reconhecimento automático do discurso actua como uma função de mapeamento entre o discurso e o texto, de modo a que cada sinal de entrada possível seja mapeado com o texto correspondente. O problema da ASR pode ser resolvido através de uma abordagem de reconhecimento de padrões. À semelhança de outros problemas de reconhecimento de padrões, o ASR também tem duas fases. A primeira fase é a fase de treino, que estabelece modelos de referência, e a segunda fase é a fase de teste, que utiliza modelos de referência para transcrever texto a partir do sinal de voz áudio.

A hibridação da técnica de identificação do locutor com a metodologia de reconhecimento da fala pode ser aplicada numa série de aplicações. O reconhecedor de voz baseado na biometria da fala tem aplicação no sistema de interação homem-computador (HCI) que avalia a identidade do utilizador para efetuar qualquer tipo de transação. A transação só é concedida se a identidade do orador for considerada válida [16].

Os sistemas de diálogo oral desempenham um papel importante na vida moderna, estão cada vez mais difundidos e prestam serviços num número crescente de domínios, como as finanças, as viagens, os horários, as explicações ou a meteorologia. A fim de prestar um serviço oportuno e relevante, os sistemas precisam de recolher informações do utilizador. Por conseguinte, um diálogo de serviço será mais rápido e mais satisfatório quando essa informação puder ser recolhida automaticamente por técnicas como o reconhecedor de voz de utilizadores válidos, certificado por uma técnica de identificação do locutor [17].

O reconhecedor de voz baseado na biometria vocal pode ser utilizado em aplicações de introdução e recuperação de dados. O processo de entrada de dados permite introduzir informações no ficheiro de dados do computador e o processo de recuperação de dados ajuda a aceder às informações armazenadas num computador.

1.1 Motivação

A motivação da tese é desenvolver um reconhecedor de fala Oriya baseado na biometria da voz. O objetivo principal deste trabalho de investigação é desenvolver um sistema de identificação do orador utilizando o Support Vetor Machine, um algoritmo de aprendizagem automática durante o reconhecimento da fala em Oriya. Este sistema é muito útil em aplicações que validam os utilizadores a partir do discurso proferido no início e depois aceitam a entrada de discurso em língua Oriya para comunicação homem-máquina.

O reconhecedor de voz baseado na biometria da voz em língua Oriya é constituído por dois componentes principais, ou seja, o módulo de identificação do locutor e o módulo de reconhecimento de voz. Ambos os módulos estão relacionados com problemas de reconhecimento de padrões. O módulo de identificação do locutor e o módulo de reconhecimento do discurso são desenvolvidos adoptando fases como a extração de caraterísticas, a formação para a geração de modelos e o teste para utilizar o modelo gerado na fase de formação para a ação necessária como resultado final. Durante o desenvolvimento do sistema, surgem inúmeros desafios que são tratados de diferentes formas. É necessário desenvolver corpora de discurso em língua Oriya para o reconhecimento do discurso e também para a identificação do orador. A seleção de caraterísticas é necessária para melhorar a taxa de precisão do sistema. Neste trabalho, os coeficientes cepstrais de frequência de gammatone (GFCCs) são utilizados no módulo de identificação do orador e os coeficientes cepstrais de frequência de mel (MFCCs), juntamente com as suas primeiras e segundas derivadas, são utilizados no módulo de reconhecimento de fala Oriya. Foi feito um esforço para melhorar a robustez do atual reconhecedor contra o ruído de fundo, incorporando o algoritmo de remoção de ruído como bloco de pré-processamento para cada módulo indicado.

Nesta tese, são utilizados como classificadores algoritmos avançados de aprendizagem automática, como a máquina de vectores de apoio (SVM) e o modelo de Markov oculto (HMM). O desempenho do sistema depende não só do conjunto de parâmetros das caraterísticas de entrada, mas também do algoritmo estatístico moderno de aprendizagem automática, como o SVM, para a acumulação de conhecimentos durante o processo de formação. Além disso, a maldição da dimensionalidade devido ao aumento do número de vectores de caraterísticas pode ser ultrapassada através da função kernel que mapeará as caraterísticas num espaço de caraterísticas de elevada dimensão.

Lógica subjacente às motivações decorrentes da apresentação acima:

1. Desenvolvimento de um corpus de discurso em língua Oriya devido à indisponibilidade de um corpus falado em Oriya.
2. Melhoria do desempenho com a utilização de algoritmos de aprendizagem automática como o SVM para a classificação de oradores e seleção da função kernel para o mapeamento de caraterísticas num espaço de caraterísticas de dimensão superior.
3. Desenvolvimento de uma ferramenta de reconhecimento de fala para a língua Oriya.

1.2 Esboço da tese

Apresenta-se de seguida uma breve panorâmica dos temas abordados em cada um dos capítulos, com base nas motivações anteriormente referidas.

- Neste capítulo, apresentei o problema de alto nível que será resolvido e a motivação do presente trabalho também é discutida.

- O Capítulo 2 aborda os fundamentos de vários conceitos utilizados na identificação do locutor e em tarefas de reconhecimento do discurso.

- O capítulo 3 trata da tarefa de desenvolvimento de um corpus de fala para a identificação do locutor, da extração robusta de caraterísticas para aumentar o desempenho do sistema e da conceção de um classificador supervisionado utilizando uma máquina de vectores de apoio, juntamente com uma função kernel adequada para gerar a base de conhecimento para melhorar a taxa de precisão da classificação. Este capítulo também dá ênfase à implementação do algoritmo de remoção de ruído como fase de pré-processamento antes de as tarefas reais de identificação do locutor e de reconhecimento da fala entrarem em ação.

- O capítulo 4 centra-se na conceção de uma ferramenta de reconhecimento de voz para a língua Oriya. O motor de reconhecimento da fala trabalhará em conjunto com o módulo de identificação do locutor. Este tópico também aborda o desenvolvimento de um corpus de fala em Oriya para fins de reconhecimento e discute várias técnicas de reconhecimento de padrões para o reconhecimento de fala em Oriya.

- O capítulo 5 apresenta os resultados experimentais do meu trabalho de investigação.

- O capítulo 6 resume os contributos da tese. Segue-se o trabalho de investigação futuro baseado no trabalho apresentado nesta tese.

CAPÍTULO 2

ESTADO DA ARTE E PANORAMA TEÓRICO

Uma mensagem falada não se limita a transmitir o significado da mensagem produzida pela pessoa que a pronuncia. Também transmite informações sobre o orador e, mais particularmente, sobre a sua identidade. De facto, cada um de nós é capaz de reconhecer pessoas familiares pela sua voz. O reconhecimento de uma pessoa pela sua voz está a aumentar devido à utilização crescente da fala como modalidade de comunicação homem-máquina. A mensagem linguística subjacente a um enunciado falado pode ser extraída utilizando o mecanismo de reconhecimento da fala, enquanto o mecanismo de reconhecimento do locutor se preocupa em extrair a identidade da pessoa que pronuncia o enunciado [18]. Dependendo da aplicação, o reconhecimento do locutor é classificado em dois tipos de tarefas: identificação e verificação. O objetivo da identificação do locutor é determinar qual de um grupo de vozes conhecidas corresponde melhor à amostra de voz de entrada. Esta tarefa é também designada por identificação de altifalantes em conjunto fechado. As aplicações da identificação pura de um conjunto fechado estão limitadas aos casos em que apenas serão encontrados oradores registados, mas é um meio útil para examinar a separabilidade das vozes dos oradores ou para encontrar oradores com sons semelhantes, o que tem aplicações no reconhecimento de voz adaptável ao orador. O objetivo da verificação do locutor é determinar, a partir de uma amostra de voz, se uma pessoa é quem diz ser. Este problema é por vezes tratado como um problema de conjunto aberto, porque esta tarefa exige distinguir a voz de um orador conhecido pelo sistema de um grupo potencialmente grande de vozes desconhecidas pelo sistema (ou seja, impostores)[19,20].

Esta tarefa é ainda classificada em sistema dependente de texto e sistema independente de texto, com base nas restrições impostas ao discurso utilizado para treinar e testar o sistema e o ambiente em que o discurso é recolhido. Num sistema dependente de texto, o discurso utilizado para treinar e testar o sistema é limitado à mesma palavra ou frase. Num sistema independente de texto, o discurso de treino e de teste não tem qualquer restrição [21, 22, 23]. Entre a dependência do texto e a independência do texto, um sistema dependente do vocabulário restringe o discurso a um vocabulário limitado a partir do qual são selecionadas as palavras de teste.

Podem distinguir-se cinco tipos de sistemas no que respeita à existência de restrições ao conteúdo linguístico do enunciado pronunciado pelo locutor a reconhecer.

Sistemas de palavras-passe comuns: A palavra-chave ou frase-chave é a mesma para todos os utilizadores.

Sistemas de palavra-passe individual: Este sistema utiliza palavras-chave ou frases-chave individuais para um utilizador específico.

Sistemas de texto induzido: O texto a pronunciar pelo utilizador é solicitado oralmente ou por escrito.

Sistemas de eventos fonéticos específicos: É deixada alguma flexibilidade ao utilizador no que diz, desde que o enunciado contenha um determinado tipo de fonema ou evento linguístico.

Sistemas sem texto: Não é imposta qualquer restrição específica ao conteúdo do enunciado de teste.

Os sistemas baseados em palavras-passe são teoricamente mais eficientes do que os sistemas sem texto, uma vez que a restrição linguística neutraliza uma das fontes de variabilidade. No entanto, os sistemas baseados em palavras-passe (bem como os que não são solicitados por texto) são mais vulneráveis ao discurso pré-gravado, enquanto os sistemas solicitados oferecem uma melhor proteção contra este tipo de imposições [24].

A maior parte dos algoritmos envolvidos em tarefas dependentes e independentes do texto são semelhantes. As aplicações independentes de texto têm o desafio adicional de funcionar de forma discreta para o utilizador, com pouco ou nenhum controlo sobre o comportamento do utilizador [25].

2.1 Funcionamento do reconhecimento de altifalantes

Do ponto de vista do utilizador, o funcionamento de um sistema de reconhecimento de altifalantes envolve duas fases: uma fase de treino e uma fase operacional ou chamada fase de teste. A fase de treino envolve a recolha de um ou vários enunciados falados de treino de um locutor, durante uma ou várias sessões de gravação [26]. Estas sessões são, de preferência, repartidas ao longo do tempo e consistem, sempre que possível, em várias condições de gravação (diferentes microfones, diferentes ambientes, etc.), de modo a corresponder, na melhor das hipóteses, às várias condições em que o sistema foi concebido para funcionar. O sistema analisa e modela as caraterísticas da voz do locutor e armazena os parâmetros do modelo e a identidade correspondente numa base de dados de modelos de voz de referência.

No modo de funcionamento, o processo difere entre um sistema de identificação de locutor e um sistema de verificação de locutor. No modelo de identificação, o orador cliente produz um enunciado de teste Y. O sistema devolve um índice de identidade X que corresponde ao orador reconhecido. No modo de verificação, juntamente com o enunciado de teste Y, o cliente também reivindica uma identidade específica X. O sistema devolve uma decisão binária em termos de aceitação ou rejeição, que indica se o sistema identificou efetivamente o cliente como o verdadeiro orador reivindicado ou se o considera um impostor [27].

2.2 Estrutura geral dos sistemas de identificação de oradores

Um sistema de reconhecimento de altifalantes é composto pelos quatro módulos seguintes

- Módulo de Análise Acústica: A função deste módulo é transformar o sinal de fala bruto numa sequência de vectores de caraterísticas acústicas.
- Módulo de modelação do locutor: É utilizado durante a fase de treino e a fase de teste para extrair um modelo ou um modelo da distribuição do vetor de caraterísticas acústicas, a partir de um ou vários enunciados falados.
- Módulo de pontuação: Este módulo mede a semelhança entre um enunciado de teste e um ou vários modelos de altifalantes de referência.
- Módulo de tomada de decisão: A função deste módulo é atribuir uma identidade no caso da tarefa de identificação do orador [28].

O diagrama de blocos geral de identificação do altifalante é apresentado na Figura 2.1.

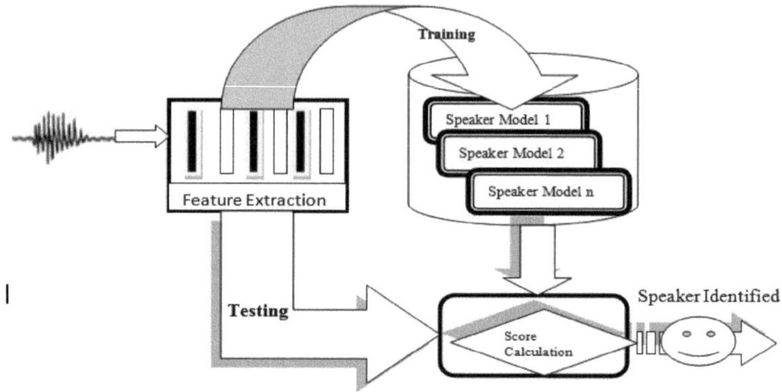

Figura 2.1: Diagrama de blocos da tarefa de identificação do orador.

2.3 Caraterísticas acústicas

A extração de caraterísticas é o processo de calcular a representação numérica do sinal acústico que pode ser utilizada para realizar a tarefa predefinida. O componente-chave do sistema de identificação do locutor é a extração de caraterísticas do sinal de fala que transmite informações sobre a identidade do locutor. A conceção de caraterísticas acústicas consiste em utilizar conhecimentos explícitos sobre as caraterísticas salientes do sinal, quer em termos de produção quer de perceção do sinal. O objetivo é encontrar caraterísticas que sejam invariantes a transformações irrelevantes e que tenham um bom poder discriminativo entre as classes. Infelizmente, não existe um único atributo da fala que transmita a identidade, mas sim vários tipos ou níveis diferentes de informação no sinal de fala. Os níveis podem ser categorizados em informação de baixo nível e informação de alto nível [28]. A informação de baixo nível diz respeito ao som da voz de uma pessoa relacionado com as caraterísticas físicas do aparelho vocal. A informação de alto nível está relacionada com os hábitos aprendidos, o dialeto e o estilo.

2.3.1 Caraterísticas de baixo nível

2.3.1.1 Taxa de passagem por zero

A taxa de passagem por zero (ZCR) calcula o número de vezes que a forma de onda do sinal muda de sinal no decurso do fotograma atual e é dada por

$$ZCR=\frac{1}{2}\sum_{n=1}^{N} |sign(x_r(n)) - sign(x_{r-1}(n))| \quad (2.1)$$

$$\text{Onde } sign(x) = \begin{cases} 1, & x \geq 0; \\ -1, & x < 0. \end{cases}$$

Para várias aplicações, o ZCR fornece informação espetral a um baixo custo [19, 20]. Para sinais de banda estreita (por exemplo, uma sinusoide), o ZCR está diretamente relacionado com a frequência fundamental. Para sinais mais complexos, o ZCR correlaciona-se bem com a frequência média da maior concentração de energia. Para sinais de fala, o ZCR de curto prazo assume valores que flutuam rapidamente entre segmentos sonoros e não sonoros devido às suas diferentes concentrações de energia espetral.

2.3.1.2 Energia de curta duração

É o valor médio quadrático dos valores da forma de onda no quadro de dados e representa o envelope temporal do sinal. Mais do que a sua magnitude efectiva, a sua variação ao longo do tempo pode ser um forte indicador do conteúdo do sinal subjacente[29, 30]. É calculada como

$$E = \frac{1}{N}\sum_{n=1}^{N} |x_r(n)|^2. \tag{2.2}$$

2.3.1.3 Centróide espetral

É o centro de gravidade do espetro de magnitude. É um indicador grosseiro da forma espetral. A localização do centro de frequência espetral é elevada quando o conteúdo de alta frequência é maior

$$C_r = \frac{\sum_{k=1}^{\frac{N}{2}} f[k]|X_r[k]|}{\sum_{k=1}^{\frac{N}{2}} |X_r[k]|}. \tag{2.3}$$

Uma vez que a deslocação da maior concentração de energia de um sinal para frequências mais elevadas o torna mais brilhante, o centróide espetral tem uma forte correlação com a sensação subjectiva de brilho de um som [31].

2.3.1.4 Frequência fundamental (F0)

É calculada medindo a periodicidade da forma de onda no domínio do tempo. Também pode ser estimada a partir do espetro do sinal como a frequência do primeiro harmónico ou como o espaçamento entre harmónicos do sinal periódico. Para instrumentos musicais reais e para a voz humana, a estimativa de F0 é um problema não trivial devido (i) às variações de período para período da forma de onda e (ii) ao facto de o componente de frequência fundamental poder ser fraco em relação aos outros harmónicos. Este último faz com que o período detectado seja propenso a erros de duplicação e redução para metade. A periodicidade no domínio do tempo pode ser estimada a partir da função de autocorrelação do sinal (ACF) dada por

$R(\tau)=\sum_{n=0}^{N-1}(x_r[n]x_r[n+\tau])$. (2.4) A ACF, R (τ), apresentará máximos locais no período de passo e seus múltiplos [32]. A frequência fundamental do sinal é estimada como o inverso do desfasamento "τ" que corresponde ao máximo de R (τ) dentro de um intervalo predefinido.

2.3.1.5 Coeficientes cepstrais de mel-frequência (MFCCs)

Os vectores de caraterísticas são normalmente calculados a cada 10 ms, utilizando uma janela de análise sobreposta de cerca de 25 ms. Os MFCCs são gerados aplicando uma transformação discreta de cosseno (DCT) truncada a uma estimativa logarítmica espetral calculada através da suavização de uma FFT com cerca de 20 caixas de frequência distribuídas de forma não linear pelo espetro da fala. A escala de frequência não linear utilizada é designada por escala mel e aproxima-se da resposta do ouvido humano. A DCT é aplicada para suavizar a estimativa espetral e descorrelacionar aproximadamente os elementos caraterísticos. Após a transformada de cosseno, o primeiro elemento representa a média da energia logarítmica dos intervalos de frequência.

Para além dos coeficientes espectrais, são anexados os coeficientes de regressão de primeira ordem (delta) e de segunda ordem (delta-delta). Se o vetor de caraterísticas original (estático) for y_t , então o parâmetro delta, Δys, é dado por

$$\Delta y_t^s = \frac{\sum_{i=1}^{n} w_i \left(y_{t+1}^s - y_{t-i}^s \right)}{2\sum_{i=1}^{n} w_i^2} \qquad (2.5)$$

Onde n é a largura da janela e w_i são os coeficientes de regressão [33]. Os parâmetros delta-delta, $\Delta\ y^2{}_t$, são derivados da mesma forma, mas utilizando diferenças dos parâmetros delta [34,35]. Quando concatenados em conjunto, formam o vetor de caraterísticas y ,$_t$

$$y_t = [\, y_t^{s\ T} \quad \Delta y_t^{s\ T} \quad \Delta^2 y_t^{s\ T}]^{\mathrm{T}} \qquad (2.6)$$

2.3.1.6 ***Coeficientes cepstrais de frequência linear (LFCC)***

Trata-se de um método alternativo para a estimativa da envolvente espetral. Este método é também conhecido pelos nomes de modelo de todos os pólos ou modelo autoregressivo (AR). Tem uma boa interpretação intuitiva, tanto no domínio do tempo (as amostras adjacentes estão correlacionadas) como no domínio da frequência (espetro de todos os pólos correspondente à estrutura de ressonância).

2.3.2 Caraterísticas de alto nível

O discurso de entrada é convertido numa série de tokens, T = {t_i } para extração de caraterísticas de alto nível. Os tokens são referidos a palavras, fones ou gestos de pitch. Os tokens são símbolos discretos ordenados no tempo e representam interpretações linguisticamente significativas do sinal de entrada.

2.4 Modelação do altifalante

2.4.1 k- Vizinho mais próximo

O algoritmo k-Nearest Neighbour (k-NN) pode ser classificado como um método de classificação não linear e não paramétrico. Este algoritmo baseia-se no princípio muito simples de que os dados semelhantes estão próximos uns dos outros na pesquisa ou no espaço de dados. Por outras palavras, o k-NN encontra, para cada objeto do conjunto de dados de teste, k objectos nos dados de treino que estão mais próximos do objeto de teste (vizinhos mais próximos) [37]. A atribuição de etiquetas baseia-se geralmente na regra da votação por maioria, por exemplo, a classe mais frequente dos k vizinhos mais próximos de um dado objeto de teste determina a classe a que esse objeto deve pertencer. O valor de k determina o número de objectos mais próximos dos dados de treino que são tidos em conta na decisão sobre a etiqueta. Se o valor for demasiado pequeno, o resultado pode ser sensível a pontos de ruído. Se for demasiado grande, então a vizinhança pode incluir demasiados pontos de outras classes.

A Figura 2.2 mostra um exemplo do impacto do valor k no resultado da classificação, em que o classificador k-NN classifica dados bidimensionais em duas classes. O primeiro octógono representa a região com três vizinhos, tendo em conta a decisão sobre o local a que pertence o ponto marcado com uma estrela; neste caso, o valor k é fixado em três (k = 3). Neste caso, os dados/pontos classificados pertencem à classe "círculo negro". O segundo octógono representa seis vizinhos (k = 6) considerados na tarefa de classificação. No segundo caso, o resultado da classificação também pertence à classe "círculo negro". Este facto deve-se ao número maioritário de círculos pretos presentes como vizinhos em ambos os casos, ou seja, k=3 e k=6 [38, 39].

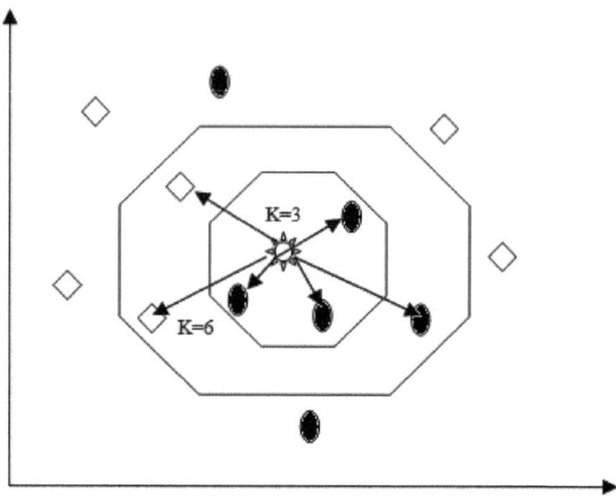

Figura 2.2: Dados 2-D de classificação k-NN

Para além de um valor k, a métrica da distância é importante para o algoritmo k-NN. Como se pode ver claramente, a métrica da distância representa a medida da semelhança dos dados. A escolha de uma determinada métrica de distância depende normalmente do problema de classificação em causa [40]. As medidas de distância geralmente utilizadas são a Euclidiana (Equação 2.7) ou a Manhattan (Equação 2.8), definidas do seguinte modo

$$d_e(x,y) = \sqrt{\sum_{k=1}^{n_a} (p_{ak} - p_{bk})^2} \quad (2.7)$$

$$d_e(x,y) = \sqrt{\sum_{k=1}^{n_a} |p_{ak} - p_{bk}|} \quad (2.8)$$

2.4.2 Modelo de mistura gaussiana

A produção da fala não é determinística devido ao contexto, à co-articulação e às variações anatómicas e dinâmicas dos fluidos. Utiliza-se a pdf gaussiana multidimensional para representar esta variação de forma probabilística. A pdf gaussiana é dependente do estado, em que os estados podem ser fonemas individuais [20]. A pdf gaussiana de um vetor de caraterísticas x para o i-ésimo estado é escrita como

$$b_i(x) = \frac{1}{2\pi^{\frac{D}{2}} \, |\Sigma_i|^{\frac{1}{2}}} \, e^{-\frac{1}{2(x-\mu)^T}} \Sigma_i^{-1}(x-\mu). \quad (2.9)$$

em que μ é o vetor de média do estado, $\sum_i$ é a matriz de covariância do estado e D é a dimensão do vetor de caraterísticas. O vetor $(x - \mu)^T$ denota a matriz de transposição e $\sum_i$ representa a matriz de covariância.

A probabilidade de um vetor de caraterísticas se encontrar em qualquer um dos estados, para um determinado modelo de locutor, denotado por λé representada pela união de diferentes pdf gaussianas [41, 42]:

$$p(x|\lambda) = \sum_{i=1}^{I} p_i b_i(x)$$

(2.10)

em que $b_i(x)$ são as densidades de mistura dos componentes e $p_i$são os pesos da mistura. O modelo do orador, λ, representa o conjunto de parâmetros de média, covariância e peso do GMM, ou seja

$$\lambda = \{ p_i, \mu_i, \textstyle\sum_i \}. \qquad (2.11)$$

A identificação do orador utilizando o GMM é determinada como

$$p(\lambda_j|x) = \frac{p(x|\lambda)p(\lambda_j)}{p(x)}. \qquad (2.12)$$

A Figura 2.3 representa o diagrama de blocos da identificação do altifalante com base no GMM.

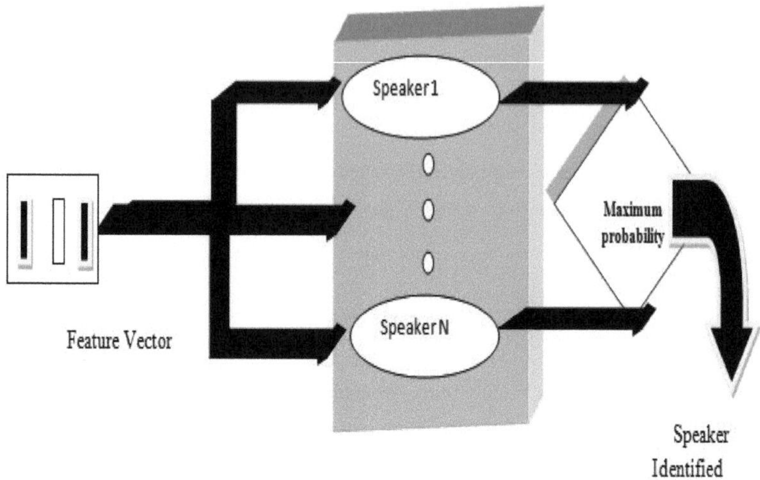

Figura 2.3: Identificação do altifalante com base no GMM

2.4.3 Algoritmo DTW

Para obter uma distância global entre dois padrões de fala (representados como uma sequência de vectores), deve ser realizado um alinhamento temporal. O melhor modelo de correspondência é aquele para o qual existe o caminho de menor distância que alinha o padrão de entrada com o modelo. Uma pontuação de distância global simples para um caminho é simplesmente a soma das distâncias locais que compõem o caminho. A deformação dinâmica no tempo (DTW) garante encontrar o caminho de menor distância através da matriz, minimizando a quantidade de computação [43]. Se D(i , j) é a distância global até (i, j) e a distância local em (i , j) é dada por d(i, j)

$$D(i, j) = \min [D(i-1, j-1), D(i-1, j), D(i, j-1)] + d(i, j). \tag{2.13}$$

A condição inicial é dada por D(1,1) = d(1,1). D(i,j) pode ser estimada utilizando o algoritmo recursivo eficiente que é mostrado na Figura 2.4. A distância global final D (n, N) dá-nos a pontuação global de correspondência do modelo com a entrada. O orador de teste é então identificado como correspondendo ao modelo com a pontuação de correspondência mais baixa [44, 45].

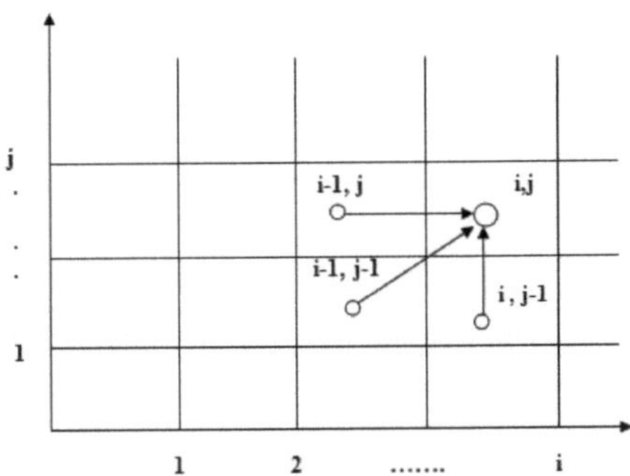

Figura 2.4: Trajetória de alinhamento óptima

2.4.3.1 Pontuações de identificação

Nesta secção, Y designa especificamente um enunciado de teste produzido por uma pessoa utilizando um sistema de reconhecimento de locutores. Vale a pena recordar que, no caso da identificação do locutor (caso de conjunto fechado), a tarefa do sistema é recuperar a identidade do locutor de teste, ou seja, a que enunciado Y corresponde melhor [46].

2.5 Factores que influenciam o sistema de identificação de oradores

Os factores que influenciam o nível de desempenho dos sistemas de reconhecimento de altifalantes são muito diversos. Segue-se uma breve lista dos mais óbvios: o ambiente de gravação (especialmente a presença de ruído); a qualidade do equipamento de gravação (por exemplo, o tipo de microfone); o tipo de canal de transmissão, incluindo a largura de banda do sinal, o tipo de compressão de áudio aplicada ao sinal, a taxa de erro no canal de transmissão; o intervalo de tempo entre o(s) enunciado(s) de treino e o enunciado de teste (variabilidade entre sessões, desvio de voz durante longos períodos de tempo); o estado do locutor: saúde (constipações, perda de voz), estado emocional (stress, nervosismo), estado psicológico (excitação, depressão) e outros factores individuais; a aplicação de modificações intencionais da voz (impostura, mascaramento); o grau de cooperação e/ou familiaridade do locutor com a situação (benefício vs. inconveniente a reconhecer, frequente vs. desvantagem a ser reconhecida, uso frequente vs. uso ocasional); a quantidade e a representatividade estatística dos dados de treino da fala, incluindo o número de sessões de treino, a variedade de condições de gravação, a cobertura linguística dos enunciados[47,48,49,50,51,52].

2.6 Reconhecimento de voz

2.6.1 Influência do mecanismo de produção da fala no reconhecimento da fala em Oriya

A fala é produzida por ondas de pressão de ar que emanam da boca e das narinas de um falante. Na maioria das línguas do mundo, o inventário de fonemas pode ser dividido em duas classes básicas: consoantes e vogais [1]. As consoantes são articuladas na presença de constrições na garganta ou obstruções na boca (língua, dentes e lábios) no momento em que falamos. Pelo contrário, as vogais são articuladas sem grandes constrições e obstruções [53].

Os sons podem ainda ser divididos em subgrupos com base no local de articulação e no modo de articulação. A vista esquemática dos principais articuladores e do sistema vocal é apresentada na Figura 2.5.

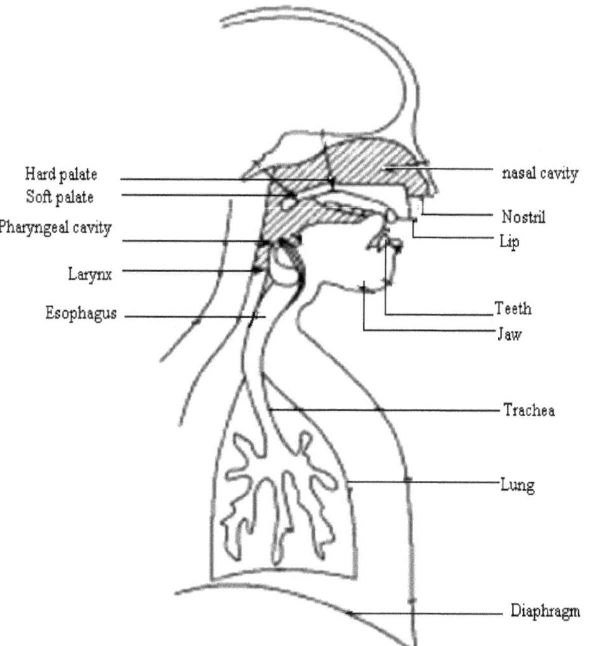

Figura 2.5: Sistema vocal humano [Flanagan, 1972]

Os componentes gerais do aparelho de produção da fala são os pulmões, a traqueia, a laringe, a cavidade faríngea, a cavidade oral e a cavidade nasal. As cavidades faríngea e oral são normalmente referidas como o trato vocal, e a cavidade nasal como o trato nasal [54].

A distinção mais fundamental entre os tipos de som na fala é a distinção entre sons com e sem voz. Os sons sonoros, incluindo as vogais, têm na sua estrutura de tempo e frequência um padrão aproximadamente regular que os sons surdos, como as consoantes como o s, não têm. Os sons vocálicos têm tipicamente mais energia, como se pode ver na Figura 2.6, na forma de onda da palavra Oriya "□□"/Asa/(come) que consiste em três fonemas: Vogal /A/, uma consoante desvozeada /s/, e uma vogal /a/.

Figura 2.6 Distinções fundamentais entre tipos de som

Quando as pregas vocais vibram durante a articulação do fonema, o fonema é considerado sonoro, caso contrário é surdo. As vogais são sonoras durante toda a sua duração. Os timbres distintos das vogais são criados através da utilização da língua e dos lábios para moldar a cavidade de ressonância oral principal de diferentes formas. As pregas vocais vibram a ritmos mais lentos ou mais rápidos, desde 60 ciclos por segundo (Hz) para um homem grande até 300 Hz ou mais para uma mulher pequena ou uma criança. A taxa de ciclos (abertura e fecho) das pregas vocais na laringe durante a fonação de sons sonoros é designada por frequência fundamental. Isto deve-se ao facto de estabelecer a linha de base periódica para todos os harmónicos de frequência mais elevada contribuídos pelas cavidades de ressonância faríngea e oral acima.

A diversidade dos sons provenientes da fonte e da saída é ainda enriquecida pelo funcionamento do trato vocal. O trato vocal é o termo coletivo dado à faringe, à cavidade oral e à cavidade nasal. Estes articuladores podem ser utilizados para modificar a fonte sonora de base, o que resulta na criação de uma maior variedade de sons.

Como a fala está a ser gerada por uma fonte sonora básica e depois modificada pelo trato vocal, o que é conhecido como o modelo fonte/filtro da fala [55]. A separação em fonte e filtro não só representa adequadamente a mecânica da produção, como também representa um modelo razoável de perceção.

Além disso, sabemos que a principal dimensão acústica da prosódia é a frequência fundamental, enquanto as principais dimensões da distinção verbal são feitas a partir de uma combinação do tipo de fonte sonora (mas não da sua frequência) e da modificação pelo trato vocal. A largura de banda de um sinal de fala é ampla, em torno de 10 kHz. Geralmente abaixo dos 3 kHz, podemos encontrar a informação relativa ao conteúdo linguístico dos sinais de fala, sendo que os componentes de frequência mais elevada transportam principalmente a informação específica do locutor [56].

As frequências em que o trato vocal ressoa são chamadas formantes e são importantes para a análise do sinal de fala. Para a fala vocal, encontram-se cerca de 4-5 formantes disjuntos abaixo dos 5 kHz e, para os sons não vocais, os formantes tendem a ser mais suprimidos, resultando num espetro mais plano que contém menos energia total. Um sinal de fala é considerado um sinal aleatório, uma vez que os seres humanos provavelmente não conseguem repetir o mesmo ciclo de movimentos do articulador. A presença ou ausência de vibração das cordas vocais tende sempre a variar a distribuição das amostras, pelo que, globalmente, um sinal de fala é considerado não-estacionário [57]. Mas devido às limitações impostas pela anatomia humana, temos de assumir que o sinal é localmente estacionário. Para este efeito, temos de fragmentar o sinal em pequenos quadros isolados com durações de tempo aproximadas de 10-20 ms.

Este pressuposto é extremamente útil para evitar certos problemas de derivação de modelos de produção de fala tratáveis. A propriedade da irreprodutibilidade pelos seres humanos pode ser utilizada. Pode haver muitas realizações possíveis do mesmo enunciado. O sistema de perceção da fala humana é capaz de aceitar todas estas realizações como transmitindo o mesmo significado. Agora é evidente, a partir das formas de onda, que, embora os sinais de fala possam variar numericamente ou variar em duração, eles ainda podem carregar o mesmo conteúdo lingüístico. Mesmo os sinais que representam o mesmo enunciado do mesmo indivíduo variam consideravelmente.

2.6.2 Local de articulação e modo de articulação

Durante a articulação, as correntes de ar através do trato vocal devem ser obstruídas de alguma forma. O local onde a obstrução ocorre é chamado de local de articulação e o modo de articulação diz respeito ao fluxo de ar; os caminhos que ele toma e o grau em que é impedido por constrições do trato vocal [58].

2.6.2.1 Modos de articulação

a) Não aspirado sem voz

b) Aspirado não vocálico

c) Vozeado não aspirado

d) Vozeado aspirado

2.6.2.2 Local de articulação

a) velar

b) palatal

c) alveolar

d) dentária

e) labial

2.6.3 Dialectos e classificação da língua falada em Oriya

A língua Oriya tem principalmente três dialectos: Mughalbandi, Sambalpuri e Bhatri. O Mughalbandi é considerado o dialeto padrão e mais formal. O Sambalpuri é falado nos distritos de Sambalpur, Sundergarh, Kalahandi, Bolangir e Bauda [59]. Outros dialectos são

- Midnapori Oriya: Falado no distrito indiviso de Midnapore, em Bengala Ocidental.
- Singhbhumi Oriya: Falado nos distritos de Singhbhum Oriental, Singhbhum Ocidental e Saraikela-Kharsawan de Jharkhand.
- Baleswari Oriya: Falado nos distritos de Baleswar, Bhadrak e Mayurbhanj, em Odisha.
- Ganjami Oriya: Falado nos distritos de Ganjam e Gajapati, em Odisha, e no distrito de Srikakulam, em Andhra Pradesh.
- Desiya Oriya: Falado nos distritos de Koraput, Rayagada, Nowrangpur e Malkangiri, em Odisha, e nas regiões montanhosas de Vishakhapatnam e do distrito de Vizianagaram, em Andhra Pradesh.
- Bhatri: falado no sudoeste de Odisha e no leste-sul de Chhattisgarh.
- Halbi: Falado no distrito indiviso de Bastar, no estado de Chhattisgarh.

2.6.3.1 O espaço e os seus oradores

O Oriya é uma língua indo-ariana oriental falada principalmente no estado indiano de Orissa. É reconhecida como uma das línguas oficiais da Índia e mais de 33 milhões de pessoas falam Oriya, o que inclui os falantes dos seus vários dialectos e variações de discurso agrupados em Oriya. É também falada por um grande número de pessoas de origem indiana estabelecidas no estrangeiro. É muito utilizado na administração, na educação e nos meios de comunicação social. Deriva do sânscrito e outras línguas semelhantes ao Oriya incluem o bangla, o assamês, o maithili, o magahi e o bhojpuri. Estados indianos como Jharkhand, Bengala Ocidental, Andhra Pradesh e Gujarat também incluem uma quantidade significativa de falantes de Oriya.

Especificamente na cidade de Surat, Gujarat, existe uma comunidade Oriya significativa devido aos trabalhos de imigração nas indústrias de polimento de diamantes e têxtil. Embora o Oriya seja a língua materna de Orissa, o Telugu, o Bengali e o Hindi também são falados neste estado [60].

2.6.3.2 *Sintaxe e semântica da língua Oriya*

A ordem de palavras não marcada em Oriya é Sujeito-Objeto-Verbo. Como os verbos concordam com seus sujeitos em pessoa e números, as frases podem aparecer sem o sujeito. Em Oriya padrão, a partícula negativa nãhin (□□□□□) é sufixada ao verbo, mas no dialeto Sambalpuri, a partícula negativa é prefixada ao verbo, como em Hindi. O particípio passado não finito é formado pela adição do sufixo -i ao radical do verbo. Uma série de particípios passados, um seguido de outro, também ocorre na língua Oriya. Estas formações são designadas por construções verbais em série. Os verbos causativos em Oriya são formados pela adição de -a (□) às raízes verbais: pi-a (□□□) - causa para beber, ni-a (□□□) - causa para dar.

A maior parte das vogais podem ser curtas ou longas, o comprimento da vogal altera completamente o significado da palavra. O acento em Oriya geralmente recai na penúltima sílaba de uma palavra ou na sílaba que precede o grupo de consoantes que recebe o acento [61]. Os exemplos de ênfase na língua Oriya são □□□□□□□□□□□ (Índia), □□□□□ (amor). O Oriya padrão tem um léxico que é composto de empréstimos do hindi, gujarati, nepalês, sânscrito e até mesmo do português

2.6.4 Caraterísticas linguísticas da língua Oriya

2.6.4.1 *Fonologia*

Os sons retroflexos são representados por letras com pontos por baixo e diferem dos seus homólogos dentários na posição da ponta da língua durante a articulação. Para os dentais, a ponta da língua está a tocar nos dentes superiores, mas para os retroflexos, a língua está enrolada para trás ao longo do céu da boca. O equivalente inglês mais próximo dos sons retroflexos ocorre quando uma consoante alveolar precede o/r/ [62]. Todas as consoantes, exceto □**/N/, □ /ng/, □ /nj/ e** □**/l/** podem ocorrer inicialmente na palavra. A distinção entre as três fricativas □/s/, □/sh/, e □/S/ é preservada apenas na pronúncia literária; na fala coloquial, todas as três são pronunciadas □/s/.

2.6.4.2 *Consoantes Oriya*

As consoantes, ao contrário das vogais, são caracterizadas por uma constrição ou obstrução significativa nas cavidades faríngea e/ou oral. Algumas consoantes são sonoras e outras não. Muitas consoantes ocorrem em pares, ou seja, partilham a mesma configuração de articuladores, e um membro do par tem, adicionalmente, uma vocalização que o outro não tem. Os encontros de consoantes podem ocorrer no início da palavra, no meio da palavra ou no fim da palavra. Os exemplos de encontros consonantais são □□□□□ (sacrifício),□□□□□□(médico), □□□□ (história).

As consoantes são classificadas em diferentes grupos com base no seu modo e local de articulação [63]. O modo de articulação refere-se ao mecanismo de articulação de uma consoante. O lugar de articulação refere-se à origem da produção do som. Os segmentos consonantais fonémicos do Oriya podem ocorrer em pares mínimos ou quase mínimos. O Quadro 2.1 e o Quadro 2.2 apresentam o lugar de articulação das consoantes e vogais do Oriá, respetivamente.

Tabela 2.1: Local de articulação das consoantes Oriya

Origem(□ □□□□□)	**Consoante (□□□□□□□ □□□□□□)**						
Velar (□□□□ □□□□□)	**k (□)**	**kh (□)**	**g (□)**	**gh (□)**	**ng (□)**		
Palatal (□□□□)	**c (□)**	**ch (□)**	**j (□)**	**jh (□)**	**nj (□)**	**J (□)**	**sh (□)**
Retroflex (□□□□ □□□□)	**T (□)**	**Th (□)**	**D (□)**	**N (□)**	**r (□)**	**R (□)**	**S (□)**
Dentária (□□□□)	**t (□)**	**th (□)**	**d (□)**	**dh (□)**	**n (□)**	**l (□)**	**s(□)**
Labial (□□□□)	**P (□)**	**ph (□)**	**b (□)**	**bh (□)**	**m (□)**		

Tabela 2.2: Vogais do Oriya

a (□)	**A (□)**	**i (□)**	**I (□)**	**u (□)**	**U (□)**	**e (□)**	**E (□)**	**o (□)**	**O (□)**

*2.6.4.3 Vogal **Oriya***

A forma e o posicionamento da língua na cavidade oral não formam uma grande constrição do fluxo de ar durante a articulação das vogais. No entanto, variações na colocação da língua dão a cada vogal o seu carácter distinto, alterando a ressonância, tal como diferentes tamanhos e formas de garrafas dão origem a diferentes efeitos acústicos quando atingidas[64,65]. A energia primária que entra nas cavidades faríngea e oral na produção das vogais vibra na frequência fundamental. As principais ressonâncias das cavidades oral e faríngea para as vogais são chamadas F1 e F2 - o primeiro e o segundo formantes, respetivamente. São determinadas pela colocação da língua e pela forma do trato oral nas vogais, e determinam o timbre caraterístico ou a qualidade da vogal. O segmento vogal distintivo na língua Oriya é mostrado na Tabela 2.3.

Tabela 2.3: Articulação das vogais em Oriya

	Frente	**Voltar**
Elevado	i	u
Médio	e	o
Baixa	a	

2.6.4.4 Morfologia da língua Oriya

Oriya tem um sistema de caso rico, marcando nominal para acusativo / dativo (-ku, □□) (□□□□ □□□□□□□□□□□□□ □□□□□□□□□□ □□□ □□□□), instrumental (-re, □□) (□□□□□ □□□□□□□ □□□□□ □□□□ □□□□□□□), ablativo (-ru, □□) (□□□□□□□□ □□□□□□□□ □□□□□□ □□□□□□□), genitivo (-r, □) (□□□ □ □□□), e locativo (-re/-ri,□□/□□) (□□□□□□□ □□ □□□□)casos. Os substantivos no nominativo não são marcados. Os marcadores de caso podem ser precedidos por marcadores de plural, ou pelo marcador definido. O caso acusativo é usado apenas quando o objeto direto é específico. Os substantivos em Oriya podem ser singulares □□□□/balak/"rapaz" ou plurais: □□□□□□□□/balak-maane/"rapazes". Oriya também tem uma rica distribuição de pronomes - pronomes de primeira, segunda e terceira pessoa; o demonstrativo remoto; os pronomes demonstrativos próximos; o correlativo e os pronomes relativos; o pronome reflexivo; e os pronomes honoríficos e interrogativos. Os verbos em Oriya são flexionados quanto ao tempo verbal e concordam com os seus sujeitos em pessoa e número, mas não em género.

2.6.4.5 Distribuição de fonemas e alofones

Na língua Oriya, □□ (*Ḋ*), □□ (*Ḋh*), □(y), □(L) não são consoantes especiais da língua, mas sim a transformação de □(D), □(Dh), □ (J), □ (l) respetivamente. □(D), □(Dh), podem ser utilizados no início, mas □ (D), □ (Dh)serão tratados como □□ ($\dot{D}$), □□ ($\dot{D}h$), se aparecerem noutras posições, por exemplo, □□□□□, □□□□, □□□, □□□□. □ (J) será usado como □(y) no momento em que for usado como posição não inicial da palavra Oriya, por exemplo □□□(veichle), □□□□(regulation). □(l) não ocorre no início da palavra. □(l) será tratado como □ (L) no momento em que estiver presente na posição inicial da palavra. Exemplo □□□□ (comprimento), □□□□□□ (laranja).

2.6.5 Transição do som para o significado

A comunicação oral envolve a transmissão de ideias (bem como de desejos e emoções) da mente do falante para a do ouvinte através de um sinal acústico produzido pelo aparelho vocal do falante. A mensagem é geralmente formulada como uma sequência de palavras escolhidas de um conjunto grande, mas finito, conhecido tanto pelo falante como pelo ouvinte. Cada palavra contém uma ou mais sílabas, que são elas próprias compostas por sequências de elementos fonéticos que reflectem a forma como os sons constituintes são produzidos. Cada fone tem uma série de atributos ou caraterísticas distintivas, que codificam a forma de produção e o local de articulação. Estas caraterísticas formam o padrão acústico que o ouvinte descodifica para compreender a mensagem. O processo pelo qual o cérebro passa do som ao significado não é bem compreendido. Tradicionalmente, os modelos de perceção da fala assumem que o sinal de fala é descodificado fone a fone, de forma análoga à maneira como as palavras são representadas na página impressa [66]. A sequência de fones assim descodificada permite ao ouvinte fazer corresponder a entrada acústica a uma representação abstrata da sequência de fones armazenada no léxico mental do cérebro. De acordo com esta perspetiva, o processo de descodificação é um processo simples em que o sistema auditivo efectua uma análise espetral ao longo do tempo que é, em última análise, associada a uma unidade fonética abstrata conhecida como fonema. Estes modelos sequenciais assumem que cada fone é realizado acusticamente de forma comparável de uma instância de uma palavra para a seguinte, e que o contexto circundante não afecta a forma como um fone específico é produzido. Assim, a posição de um fone na sílaba tem uma influência notável nas suas propriedades acústicas.

2.6.6 Abordagens de reconhecimento do discurso

As abordagens de ASR podem ser classificadas em cinco gerações, tendo em conta as tecnologias associadas ao desenvolvimento da ASR. A geração 1 (1930 a 1950) utilizou um método adhoc para reconhecer sons ou pequenos vocabulários de palavras isoladas. A geração 2 (1950 a 1960) utilizou abordagens fonéticas acústicas para reconhecer fonemas, vocábulos fonéticos ou dígitos. A Geração 3 (1960 a 1980) utilizou o reconhecimento de padrões de vocabulários pequenos a médios de sequências de trabalho isoladas e ligadas, incluindo a utilização da codificação preditiva linear (LPC) como método básico de análise espetral e métodos de programação dinâmica para padrões de alinhamento temporal. Métodos de livro de códigos de quantização vetorial utilizados para redução de dados e computação reduzida. Geração4 (1980 a 2000): utilização do modelo oculto de Makov, métodos estatísticos para modelar a dinâmica da fala e estatísticas num sistema de reconhecimento contínuo da fala. Geração5 (2000 a 2020): métodos de processamento paralelo para aumentar a fiabilidade das decisões de reconhecimento, combinação de HMM e abordagens fonéticas acústicas para detetar e corrigir irregularidades linguísticas e que também aumentarão a robustez do reconhecimento da fala no ruído.

A investigação no domínio do reconhecimento automático do discurso por máquinas tem sido realizada há quase seis décadas e as primeiras tentativas de conceber sistemas de reconhecimento automático do discurso por máquinas foram efectuadas na década de 1950. Várias ideias fundamentais sobre o reconhecimento do discurso foram publicadas na década de 1960 e a investigação sobre o reconhecimento do discurso atingiu vários marcos significativos na década de 1970. Tal como o reconhecimento de palavras isoladas foi um dos principais focos de investigação na década de 1970, o problema do reconhecimento de palavras ligadas foi um dos focos de investigação na década de 1980. A investigação no domínio da fala na década de 1980 caracterizou-se por uma mudança na tecnologia, passando de abordagens baseadas em modelos para métodos de modelação estatística, especialmente a abordagem do modelo oculto de Markov.

Desde então, as técnicas de modelos ocultos de Markov passaram a ser amplamente aplicadas em praticamente todos os sistemas de reconhecimento de fala. Os sistemas de reconhecimento da fala foram desenvolvidos para uma grande variedade de aplicações, tanto no sector das telecomunicações como no sector empresarial. Nas telecomunicações, um sistema de reconhecimento de voz pode fornecer informações ou acesso a dados ou serviços através da linha telefónica. Pode também fornecer capacidade de reconhecimento no ambiente de trabalho, incluindo o controlo vocal de ambientes de PC e estações de trabalho. Na indústria e nas empresas, é fornecida uma capacidade de reconhecimento para ajudar nos processos de fabrico.

Outras aplicações incluem a utilização do reconhecimento da fala em brinquedos e jogos. Uma parte significativa da investigação em processamento da fala nos últimos anos tem sido dedicada ao estudo de métodos práticos para o reconhecimento da fala no mundo. Nos Estados Unidos, os principais esforços de investigação têm sido desenvolvidos na AT&T (Next-

Generation Text-to-Speech System) [site da AT&T], IBM (ViaVoice Speech Recognition e o sistema TAN-GORA) [sítio Web da IBM, Das e Picheny 1996], BBN (os sistemas BYBLOS e SPIN) [sítio Web da BBN], Dragon (os produtos Dragon NaturallySpeaking) [sítio Web da DRAGON], CMU (os sistemas SPHINX-II), Lincoln Laboratory [Paul 1989] e MIT (os sistemas de linguagem falada) [sítio Web do MIT].

Os projectos da Hearing Health Care Research Unit [sítio Web de Western Ontario] e o sistema de reconhecimento de 86 000 palavras isoladas do INRS no Canadá, bem como o sistema de informação ferroviária da Philips, o sistema CSELT para os serviços de informação Eurorail [sítio Web do CSELT], a Universidade de Duisburg [sítio Web de Duisburg], os sistemas da Universidade de Cambridge [sítio Web de Cambridge] e o reconhecimento de voz LIMSI [sítio Web do LIMSI] na Europa, são exemplos da atividade atual na investigação do reconhecimento da fala. No Japão, estão a ser desenvolvidos sistemas de reconhecimento de grande vocabulário com base no conceito de interpretação de telefonia e de assistência a listas telefónicas. Na China e em Taiwan, foram concebidos reconhecedores de sílabas para tratar ditados em mandarim de grande vocabulário.

O reconhecimento do discurso é um tema amplamente investigado em todo o mundo. Muitos cientistas e investigadores estão ocupados com trabalhos sobre o reconhecimento da fala. A nível mundial, o reconhecimento do discurso é feito sobretudo em diferentes línguas, principalmente em inglês.

Nas últimas duas décadas, poucos investigadores indianos trabalharam no desenvolvimento de sistemas automáticos de reconhecimento da fala para as línguas indianas, de modo a que o desenvolvimento desta tecnologia possa ser equiparado ao trabalho de investigação efectuado para as diferentes línguas do resto do mundo.

Samudravijaya desenvolveu um sistema de reconhecimento de fala contínua independente do locutor para Hindi [68, 69]. O seu sistema reconheceu consultas faladas em Hindi no contexto de uma tarefa de consulta de reservas ferroviárias.

Kumar e Aggarwal desenvolveram um sistema de reconhecimento automático de fala em hindi para reconhecer palavras isoladas [70]. O HMM foi usado para treinar e reconhecer a fala. Foram extraídas 39 caraterísticas MFCCs (12 Mel Cepstrum + Log energy + derivadas de 1ª e 2ª ordem). Foi utilizado o kit de ferramentas HMM. Foi desenvolvido um conjunto de dados de apenas 30 palavras e foram criados 960 ficheiros de fala com a ajuda de 5 oradores do sexo masculino e 3 do sexo feminino.

A língua Marathi é falada principalmente na Índia ocidental e central. Alargando o âmbito do reconhecimento da fala em Marathi para benefício da sociedade, Gaikwad et al. desenvolveram um sistema de consulta clínica Polly utilizando IVR, que pode responder a uma vasta gama de serviços de saúde [71]. Trata-se de um esforço louvável que pode ajudar os doentes a interagir com os seus pedidos de informação relacionados com a saúde.

O urdu é uma das 22 línguas oficiais da Índia e a língua oficial de 5 estados. O urdu é mutuamente inteligível com o hindi padrão falado na Índia. Sarfraz et al. trabalharam no desenvolvimento da LVCSR para a língua urdu.

A maior parte das línguas do mundo tem os seus próprios reconhecedores de fala. Mas a nossa língua materna, o Oriya, não está dotada de um sistema de reconhecimento de voz. Foram realizados muito poucos trabalhos de investigação sobre o reconhecedor de voz Oriya, mas os resultados não são muito bons. A implementação de reconhecedores de fala contínuos e isolados para a língua Oriya, que também autorizará os utilizadores através da técnica chamada identificação do orador antes de utilizar o reconhecedor de fala, é o principal objetivo deste trabalho de tese.

2.6.7 Três aspectos do reconhecimento de palavras

O problema do reconhecimento de palavras faladas tem três aspectos que devem ser considerados:

1. O sinal de entrada: a estrutura acústica da fala e a forma como os sinais de fala são processados pelo sistema auditivo humano.
2. A representação fonológica interna: a forma como as palavras ou os alvos fonológicos são armazenados no léxico de reconhecimento da fala.
3. A interface entre (1) e (2) acima: como o input auditivo entra em contacto com as formas internas do léxico de reconhecimento. Este processo tem sido designado por 'recuperação de informação lexical'. No entanto, estamos aqui preocupados apenas com um aspeto da recuperação lexical: a recuperação das formas fonológicas das palavras a partir do léxico, para que possam ser emparelhadas com a entrada auditiva.

2.6.8 Metodologias ASR

2.6.8.1 Componentes do reconhecimento de voz

O reconhecimento da fala para sistemas informáticos inclui cinco componentes [73]:

- Um dispositivo de registo de voz: Este é normalmente constituído por um microfone e um conversor analógico-digital associado que codifica digitalmente a forma de onda da fala em bruto.
- Módulo de processamento de sinal digital (DSP): O módulo DSP efectua a deteção do ponto final (limite da palavra) para separar a fala da não-fala e converte a fala bruta em representação no domínio da frequência e efectua o janelamento, o escalonamento, a filtragem e a compressão de dados. O objetivo é melhorar e reter apenas os componentes da representação espetral que são úteis para fins de reconhecimento, reduzindo assim a quantidade de informação com que o algoritmo de correspondência de padrões tem de lidar.
- Armazenamento do sinal de pré-processamento: A fala pré-processada é armazenada em buffer para o algoritmo de reconhecimento.
- Padrão de fala de referência. O padrão de referência armazenado pode ser comparado com a amostra de fala do utilizador depois de ter sido pré-processada pelo módulo DSP. Esta informação é armazenada como um conjunto de modelos de fala.
- Algoritmo de correspondência de padrões: O algoritmo faz a comparação entre o sinal processado da fala do utilizador e todos os modelos armazenados. A Figura 2.7 representa os componentes básicos do reconhecimento de fala.

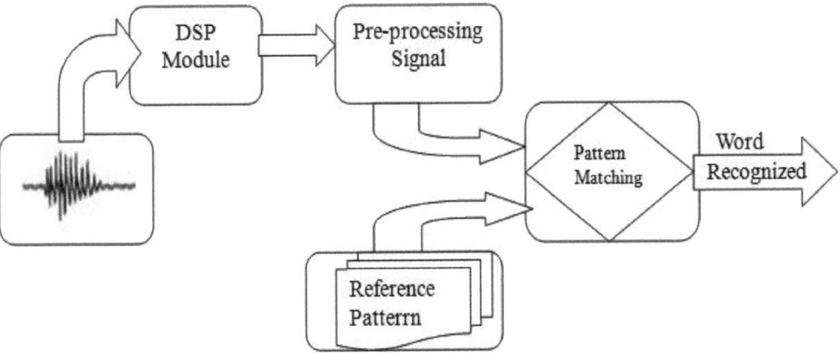

Figura 2.7: Componente do reconhecimento de fala básico

2.6.8.2 Tipos de reconhecedores de voz

O desenvolvimento de sistemas de reconhecimento da fala dividiu-se em três categorias principais [74]:

1. Abordagens baseadas em modelos, em que o discurso desconhecido é comparado com um conjunto de palavras pré-gravadas (modelos), a fim de encontrar a melhor correspondência.

Esta abordagem tem a vantagem de utilizar modelos de palavras perfeitamente exactos, mas também tem a desvantagem de os modelos pré-gravados serem fixos, pelo que as variações no discurso só podem ser modeladas utilizando muitos modelos por palavra, o que acaba por se tornar impraticável.

2. Abordagens baseadas no conhecimento, em que o conhecimento "especializado" sobre variações na fala é codificado manualmente num sistema. Esta abordagem tem a vantagem de modelar explicitamente as variações na fala; mas, infelizmente, esse conhecimento especializado é difícil de obter e de utilizar com êxito, pelo que esta abordagem foi considerada impraticável, tendo-se procurado, em vez disso, procedimentos de aprendizagem automática.

3. Abordagens baseadas na estatística, em que as variações na fala são modeladas estatisticamente (por exemplo, por modelos de Markov ocultos, ou HMMs), utilizando procedimentos de aprendizagem automática. Esta abordagem representa o atual estado da arte. A principal desvantagem dos modelos estatísticos é o facto de terem de partir de pressupostos de modelação a priori, que podem ser imprecisos, prejudicando o desempenho do sistema.

2.6.8.3 Extração de caraterísticas para reconhecimento de voz

O passo seguinte é importante, pois é utilizado para extrair informações relevantes dos blocos de fala. Podem ser aplicadas várias opções para esta tarefa. Alguns dos métodos mais utilizados para o reconhecimento da fala são a predição linear e o mel-cepstrum [75]. Os pontos seguintes são algumas das razões que explicam a utilização generalizada destas medidas:

- Estas medidas fornecem um bom modelo do sinal de fala. Isto é particularmente verdade na região vocal quase estável da fala.

- A forma como estas medidas são calculadas conduz a uma separação razoável entre a fonte e o trato vocal. Esta propriedade conduz a uma representação bastante boa das caraterísticas do trato vocal (que está diretamente relacionada com o som da fala que está a ser produzido).

- As medidas têm um modelo analiticamente tratável.

- A experiência demonstrou que estas medidas funcionam bem na aplicação do reconhecimento.

Outras medidas a adicionar aos vectores de caraterísticas são as medidas de energia e também o cálculo dos coeficientes delta e de aceleração. Os coeficientes delta significam que a aproximação derivada de alguma medida (por exemplo, coeficientes de predição linear) é adicionada e os coeficientes de aceleração são a aproximação da segunda derivada de algumas medidas [76, 77].

*A.) **Parametrização do sinal de fala utilizando a escala de Bark e a escala de Mel***

Embora certos aspectos da fala possam ser identificados diretamente a partir desta representação superposicional da forma de onda (por exemplo, energia, altura, classes fonémicas amplas), a maior parte da informação que distingue os fonemas uns dos outros encontra-se nas intensidades relativas das formas de onda componentes nas suas respectivas frequências de oscilação. À medida que as frequências de oscilação destas formas de onda aumentam, as suas respectivas amplitudes tornam-se mais fracas, devido à atenuação do pulso glótico pela sua interação com as paredes do trato vocal. Para que a informação contida nestas frequências seja codificada de forma mais precisa pelo modelo acústico, a primeira fase da extração de caraterísticas é tipicamente a pré-ênfase, em que o sinal x[n] é transformado em sinal $\tilde{x}[n] = x[n] - \propto x[n-1]$ para um valor determinado empiricamente $0 \leq \propto \leq 1.0$ [78].

Para extrair informação espetral, devem ser analisadas coletivamente janelas de várias amostras consecutivas. A largura dessas janelas deve incluir amostras consecutivas suficientes para que possam encapsular duas oscilações completas da forma de onda de frequência mais baixa a ser considerada. Este requisito da taxa de amostragem em relação ao comprimento das formas de onda componentes no tempo é referenciado de várias formas no que respeita à taxa de Nyquist [30]. Uma vez que a fala humana ocupa maioritariamente as frequências entre 100 Hz e 10 kHz, o comprimento mínimo da janela deve ser ≈ 2/100Hz = 0,02s. Raramente, as janelas de análise são mais largas do que isso, devido à natureza não-estacionária do sinal de fala. No entanto, para que as caraterísticas espectrais possam ser extraídas, a estacionariedade dentro destas janelas é assumida como inviolável.

As janelas consecutivas não cobrem segmentos mutuamente exclusivos do áudio. De facto, as janelas consecutivas sobrepõem-se no tempo em metade dos seus comprimentos (por exemplo, se as janelas de análise tiverem 0,16 s de largura, cada janela começa 0,08 s após a sua antecessora). Este deslocamento é responsável por mudanças rápidas no sinal de fala. Além disso, uma vez que a simples segmentação do sinal de áudio resulta em cortes abruptos no sinal, o que pode influenciar negativamente a extração adequada de caraterísticas, cada janela é modificada de modo a que o sinal tenda para 0 nos limites de cada janela, de acordo com o popular método da janela de Hamming [20], em que

$$w[i] = \begin{cases} 0.54 - 0.46\cos(2\pi i/N) & i \leq i \leq N-1 \\ 0 & otherwise \end{cases} \quad (2.14)$$

em que N é o número de amostras discretas na janela de análise. A transformada discreta de Fourier converte então esta representação de amplitude/tempo na sua representação associada de amplitude/frequência nas janelas pré-enfatizadas obtidas desta forma, w[n],

$$X[k] = \sum_{n=0}^{N-1} w[n]e^{\frac{-j2\pi nk}{N}}, \qquad 0 \leq k \leq N. \quad (2.15)$$

Esta transformada depende da fórmula de Euler $e^{j\theta} = \cos\theta + j\sin\theta$ para a unidade imaginária j. A transformada discreta de Fourier pode ser calculada pelo algoritmo da transformada rápida de Fourier (FFT). Estas frequências são então analisadas no âmbito de modelos perceptualmente motivados que imitam o comportamento da cóclea humana (e da membrana neuronal nela contida) através de funções de escala não lineares que distorcem as frequências do sinal f para serem mais passíveis de extração de caraterísticas. Os espectros resultantes da FFT podem ser escalados de acordo com a escala de casca ou de mel [79, 80],

$$Bark(f) = 13\arctan(7.6 * 10^{-4}f) + 3.5archtan\left(\left(\frac{f}{7.5E^3}\right)^2\right). \quad (2.16)$$

Um mel é uma unidade de altura que descreve a distância entre sons adjacentes na sua altura percetual As frequências obtidas por FFT abaixo de cerca de 1000 Hz são mapeadas linearmente para a escala mel, e as acima de 1000 Hz são mapeadas logaritmicamente de acordo com

$$mel(f) = 1127ln\left(1 + \frac{f}{700}\right). \quad (2.17)$$

Esta escala é análoga à perda de sensibilidade humana às diferenças de altura em frequências mais altas. O espetro da escala mel contém vários aspectos da fonte glótica da fala que não são particularmente úteis na distinção entre fonemas. Por exemplo, o espetro inclui informação sobre a frequência fundamental e a energia, que não é tão importante para o reconhecimento da fala como os detalhes do filtro, ou seja, o trato vocal. Para desconcentrar a fonte do filtro, o primeiro passo é obter o logaritmo do espetro de magnitude. O passo final visualiza este espetro logarítmico como se fosse uma forma de onda e tem em consideração que a forma desta pseudo-forma de onda é caracterizada por oscilações de alta frequência causadas pela frequência fundamental e por picos e vales largos. São estas oscilações de alta frequência que correspondem à fonte glótica, e estes picos e vales largos que correspondem à forma do trato vocal (e às frequências dos formantes, em geral). A utilização do espetro do espetro logarítmico separa estes dois componentes e tem a vantagem adicional de os coeficientes resultantes não estarem correlacionados (ao contrário do espetro), pelo que os modelos acústicos utilizados na classificação não têm de codificar covariâncias entre todas as caraterísticas, o que reduz o número de parâmetros necessários na aprendizagem automática [30].

Este espetro do espetro logarítmico, ou "cepstrum", é convertido do discurso janelado w[n] para coeficientes cepstrais à escala de Mel c[k] por

$$c[k] = \sum_{n=0}^{N-1} log\left(H_k(n)\left|\sum_{l=0}^{l-1} w[l]e^{\frac{-j2\pi nl}{L}}\right|\right)e^{\frac{j2\pi kn}{N}} \quad (2.18)$$

Em que H_k (n) é a magnitude do banco de filtros m[th] avaliado na frequência linear n[th] [20].

B.) ***Codificação de previsão linear***

A ideia principal da predição linear é extrair os parâmetros do trato vocal. Um modelo do trato vocal pode ser visto na Figura 2.8. Dada uma amostra de fala no tempo n, s(n) pode ser modelada como uma combinação linear das p amostras de fala anteriores, de tal forma que [19]:

$$s(n) = b_0u(n) + a_1s(n-1) + a_2s(n-2) + \ldots\ldots + a_ps(n-p) \quad (2.19)$$

Ou, de forma equivalente:

$$s(n) = b_0u(n) + \sum_{i=1}^{p} a_is(n-i). \quad (2.20)$$

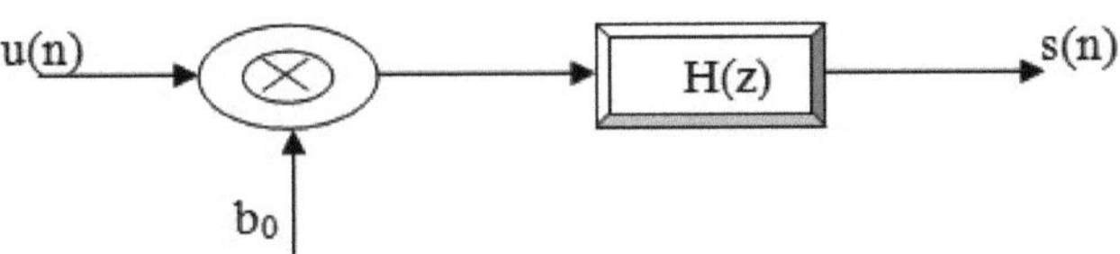

Figura 2.8: Modelo do trato vocal

em que u(n) é um sinal de excitação normalizado, b_0 o ganho do sinal de excitação e os coeficientes a_1 , a_1 , . . . , a_p são os pesos das amostras de som anteriores. Todos estes coeficientes são considerados constantes ao longo do quadro de análise da fala. Outra forma de ver isto é exprimir s(n) no domínio z:

$$S(z) = b_0U(z) + \sum_{i=1}^{p} a_iS(z)z^{-i} \quad (2.21)$$

e, deste modo, a função de transferência passa a ser

$$H(z) = \frac{S(z)}{U(z)} = \frac{b_0}{1-\sum_{i=1}^{p} a_iz^{-i}}. \quad (2.22)$$

A equação 2.22 mostra que este problema consiste em criar um modelo do trato vocal com todos os pólos. O cálculo dos coeficientes é aplicado quando a fala é assumida como estacionária, x_2 (k; m) são os frames da fala onde a fala é assumida como estacionária. O cálculo destes coeficientes para cada bloco em x_2 (k; m) pode ser efectuado de diferentes formas, utilizando o método da autocorrelação, o método da covariância, a recursão de Levinson-Durbin, etc. As etapas da predição linear podem ser vistas na Figura 2.9.

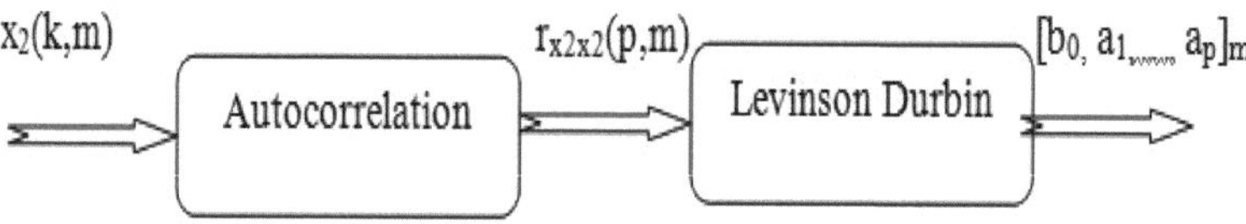

Figura 2.9: Etapas da previsão linear

2.6.8.4 DTW como classificador

O reconhecimento da fala é efectuado em duas etapas principais: extração de caraterísticas e descodificação. Na etapa de extração de caraterísticas, os dados de áudio recebidos são analisados e parametrizados em caraterísticas acústicas. Estas caraterísticas são extraídas através da aplicação de várias técnicas mencionadas na secção.

Na técnica de reconhecimento de voz DTW, os dados de treino são convertidos em modelos. O processo de reconhecimento consiste então em fazer corresponder a fala de entrada aos modelos armazenados. O modelo com a medida de distância mais baixa do padrão de entrada é a palavra reconhecida. A melhor correspondência (medida de distância mais baixa) é baseada na programação dinâmica. Este é o chamado reconhecedor de palavras Dynamic Time Warping (DTW) [43, 44].

A deformação dinâmica do tempo lida com dois conceitos

- **Caraterísticas**: a informação contida em cada sinal tem de ser representada de alguma forma, que é extraída durante a fase de extração de caraterísticas.

- **Distâncias**: é necessário utilizar algum tipo de métrica para obter um caminho de correspondência. Existem dois tipos:
  - Local: uma diferença computacional entre uma caraterística de um sinal e uma caraterística do outro.
  - Global: a diferença computacional global entre um sinal inteiro e outro sinal de comprimento possivelmente diferente.

Uma vez que os vectores de caraterísticas podem ter vários elementos, é necessário um meio de calcular a distância local. A medida da distância entre dois vectores de caraterísticas é calculada utilizando a métrica da distância *euclidiana*. Assim, a distância local entre o vetor de caraterísticas x do sinal 1 e o vetor de caraterísticas y do sinal 2 é dada por

$$d(x\ ,y)=\sqrt{\sum(x\ -y\ )_{ij}^{2}}\ . \qquad (2\ .23)$$

A fala é um processo dependente do tempo. Assim, os enunciados da mesma palavra terão durações diferentes, e os enunciados da mesma palavra com a mesma duração diferirão no meio, devido ao facto de diferentes partes das palavras serem faladas a ritmos diferentes. Para obter uma distância global entre dois padrões de fala (representados como uma sequência de vectores), é necessário efetuar um alinhamento temporal.

O modelo com melhor correspondência é aquele para o qual existe o caminho de menor distância que alinha o padrão de entrada com o modelo. Uma pontuação de distância global simples para um caminho é simplesmente a soma das distâncias locais que compõem o caminho.

A deformação dinâmica do tempo (DTW) garante encontrar o caminho de menor distância através da matriz, minimizando a quantidade de computação.

Se D(i , j) é a distância global até (i, j) e a distância local em (i , j) é dada por d(i, j)

$$D\ (i, j\ )= \min[D(i-1, j-1), D(i-1, j), D(i, j-1)] + d(i, j)\ . \qquad (2.24)$$

Dado que D(1,1) = d(1,1) (esta é a condição inicial) e D(i,j) podem ser calculados de forma eficiente com base num algoritmo recursivo que é apresentado na Figura 2.4. A distância global final D (n,N) dá-nos a pontuação global de correspondência do modelo com a entrada. A palavra de entrada é então reconhecida como a palavra correspondente ao modelo com a pontuação de correspondência mais baixa.

Utilizámos o algoritmo DTW para reconhecer dígitos Oriya isolados. O reconhecedor de dígitos isolados em Oriya é composto por um transdutor, uma fase de extração de caraterísticas, uma fase de modelação e armazenamento de parâmetros e uma fase final de correspondência de padrões e identificação de unidades. O diagrama de blocos do reconhecedor de dígitos isolados Oriya é apresentado na figura 2.10.

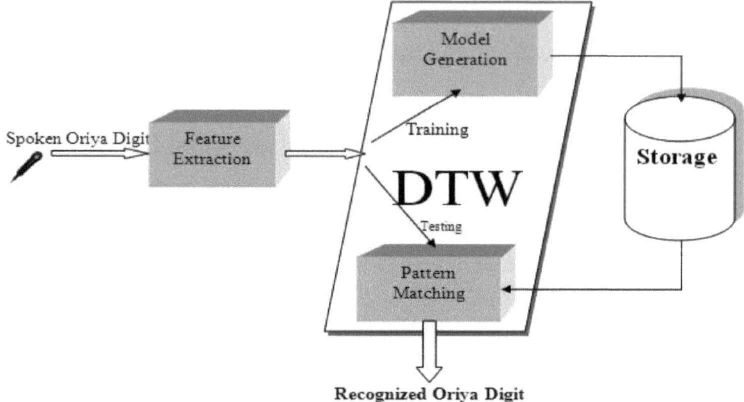

Figura 2.10: Diagrama de blocos do reconhecedor de dígitos isolados em Oriya

A.) Modelação e armazenamento de parâmetros

A etapa de modelação de parâmetros é apenas para a fase de treino e tenta obter parâmetros a partir das unidades linguísticas presentes na fala. Pode ser tão simples como armazenar os vectores de caraterísticas que são extraídos durante a fase de extração de caraterísticas numa biblioteca para usar como modelo, como é o caso de um sistema que usa DTW.

B.) Correspondência de padrões e identificação de unidades

O bloco de correspondência de padrões e de identificação de unidades encontra-se na fase de reconhecimento e tenta fazer corresponder as unidades linguísticas extraídas do discurso no vetor de caraterísticas à biblioteca de modelos presente. Esta biblioteca é construída a partir do bloco de modelação de parâmetros na fase de treino. O sistema de correspondência de padrões determina a forma como a biblioteca representa as caraterísticas da unidade de fala.

C.) Normalização do tempo

Um problema associado a este cálculo advém do facto de, em geral, mesmo para a mesma palavra, a realização acústica da palavra poder variar significativamente, por exemplo devido a diferentes taxas articulatórias [43]. A Figura 2.11 mostra o espetrograma correspondente a dois enunciados diferentes do dígito Oriya 'Atha' (que significa oito), onde é evidente a necessidade de normalização temporal entre diferentes enunciados da mesma palavra.

Uma forma de lidar com este problema é utilizar a normalização não linear baseada na programação dinâmica. Para tal, calcula-se a distância entre cada vetor de caraterística da palavra de teste (vectores de comprimento m) e cada vetor de caraterística do modelo (vectores de comprimento n) com o qual está a ser comparado, formando uma matriz de distância com m×n elementos. Os extremos das duas palavras (pontos (1,1) e (m,n)) devem coincidir de forma a minimizar a distância total entre estes pontos. Isto é conseguido calculando a distância mínima local em cada ponto, que é calculada tomando para cada vetor do modelo a distância mínima entre ele e o vetor atual na palavra de teste (sem distorção da escala de tempo), o vetor seguinte na palavra de teste (contração) e o último vetor na palavra de teste (expansão). Como os pontos são contínuos, é necessário começar no ponto (1,1) e calcular a distância cumulativa mínima nos pontos vizinhos e trabalhar progressivamente até atingir o ponto (m,n). O resultado é a matriz de distâncias acumuladas. A distância no ponto (m,n) é a distância total mínima entre as palavras. Esta distância é calculada para a palavra de teste e para cada um dos modelos. A palavra correspondente ao modelo que dá a menor distância é escolhida como a identidade da palavra de teste. Esta técnica é conhecida como dynamic time warping (DTW) [81, 82].

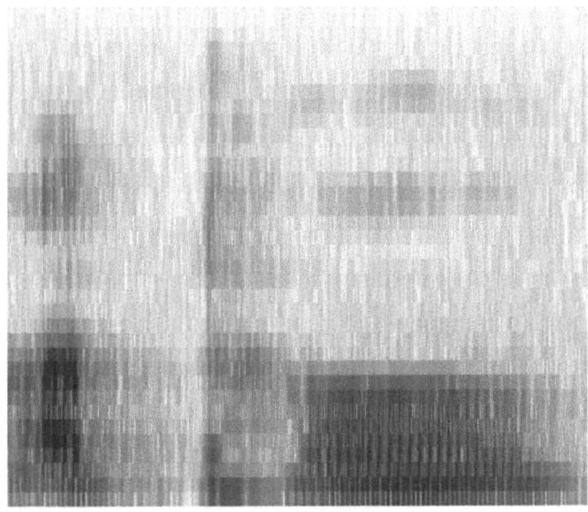

Pronúncia lenta do dígito /Atha/

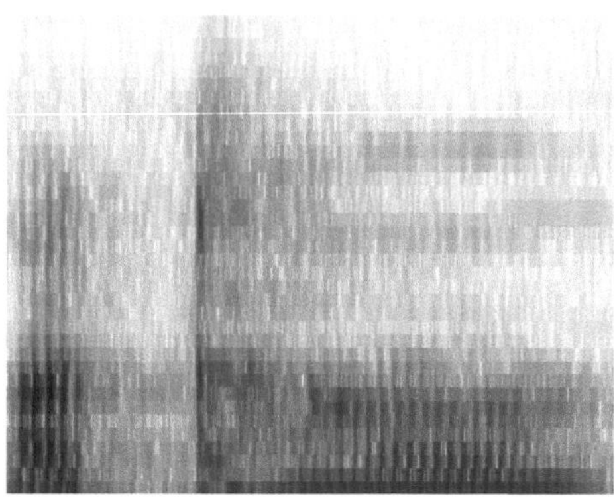

Enunciação rápida do dígito /Atha/

Figura 2.11: Espectrograma sonoro da frase 'Atha' dita lenta e rapidamente.

2.6.8.5 Rede Neural como Metodologia de Reconhecimento de Fala

O cérebro humano é um órgão constituído por uma rede maciça de cerca de 10^{11} células neuronais interligadas, designadas por neurónios, que executam uma computação altamente paralela. Verifica-se que o cérebro humano consegue identificar com exatidão uma emoção de uma pessoa com menos esforço. O cérebro é extremamente robusto e tolerante a falhas, o que intrigou muito a ciência, levando ao desenvolvimento do domínio das redes neuronais artificiais (RNA). As redes neuronais artificiais inspiram-se nas estruturas das redes neuronais dos seres humanos para desenvolver melhores técnicas de computação, inteligência artificial, análise de dados, modelação e previsão. Os investigadores utilizam muitos tipos de redes neuronais para aplicações alargadas. Neste estudo de investigação, utilizou-se a rede neural de retropropagação com alimentação direta (FFBPNN) para recuperar informações turísticas, uma vez que permite ter em conta as caraterísticas do discurso e construir regiões de decisão complexas [83].

Uma metodologia de classificação de padrões bem sucedida depende em grande medida da escolha específica das caraterísticas utilizadas pelo classificador. O algoritmo Back-Propagation é o algoritmo de aprendizagem mais conhecido e amplamente utilizado no treino de redes neuronais feed forward multicamadas. A rede neural de avanço refere-se à rede constituída por um conjunto de unidades sensoriais (nós de origem) que constituem a camada de entrada, uma ou mais camadas ocultas de nós de computação e uma camada de saída de nós de computação. O sinal de entrada propaga-se através da rede numa direção de avanço e numa base de camada a camada. A retropropagação é uma rede de aprendizagem supervisionada, de avanço em várias camadas, baseada na regra de aprendizagem por descida de gradiente. Esta FFBPNN fornece um método computacionalmente eficiente para alterar os pesos na rede de avanço, com unidades de função de ativação diferenciáveis, para aprender um conjunto de treino de dados de entrada-saída. Sendo um método de descida gradiente, minimiza o erro quadrático total da saída calculada pela rede [84, 85].

$$E = \frac{1}{2}\sum_{i=1}^{p} ||o_i - t_i||^2 \tag{2.25}$$

em que O_i é a produção e t_i é o objetivo.

O treinamento da retropropagação começa com a definição dos pesos e deslocamentos dos nós com pequenos valores aleatórios. Em seguida, um exemplo de treinamento e os resultados desejados são apresentados à rede. Os resultados reais da rede são calculados, os sinais de erro são formados e um algoritmo iterativo é usado para adaptar os pesos dos nós - começando nos nós de saída e voltando até a primeira camada oculta. Um exemplo e os resultados pretendidos são novamente apresentados à rede e todo o processo é repetido até os pesos convergirem [86, 87].

$$w_{j,k}(new) = w_{j,k}(old) + \nabla w_{j,k} \tag{2.26}$$

O objetivo é treinar a rede para atingir um equilíbrio entre a capacidade de responder corretamente aos padrões de entrada que são utilizados para o treino e a capacidade de dar uma boa resposta aos padrões de entrada que são semelhantes, designados por conjunto de teste. A arquitetura da FFBPNN é apresentada na Figura 2.12.

Desenvolvemos um reconhecedor de voz baseado em palavras-chave Oriya para a recuperação de informações no sector do turismo indiano, que se baseia num vetor de caraterísticas como o MFCC e num classificador de padrões como o FFBPNN. O utilizador final tem de proferir uma palavra isolada que represente um estado turístico da Índia em relação ao qual esteja interessado em obter informações importantes relacionadas com o local pretendido. O ASR Oriya baseado em palavras-chave toma o discurso isolado como entrada e converte o sinal acústico em treze vectores de caraterísticas MFFC. Os primeiros coeficientes dão informações sobre a concentração de energia em cada banda.

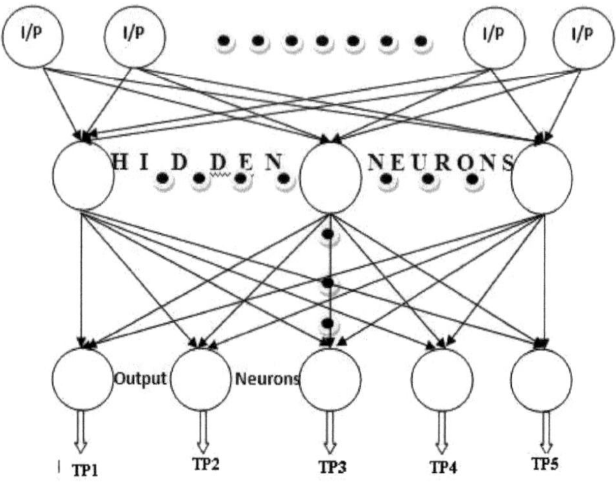

Figura 2.12: Arquitetura da FFBPNN

Antes de passar os treze valores das caraterísticas MFCC para o bloco FFBPNN da ASR Oriya, passa-se pelo sub-bloco do classificador chamado ontologia, que actua como uma ferramenta de engenharia do conhecimento. A técnica de ontologia é utilizada neste artigo de investigação porque, como sabemos, é fácil discriminar entre um pequeno conjunto de palavras, mas as taxas de erro aumentam naturalmente à medida que o tamanho do vocabulário cresce.

Temos 1500 palavras-chave isoladas na nossa base de dados de discurso em Oriya e, se aplicarmos o algoritmo de correspondência de padrões (FFBPNN) diretamente sobre o corpus de discurso, isso vai consumir o máximo de tempo, uma vez que o espaço de pesquisa é muito grande. Por isso, a solução proposta é aplicar o FFBPNN com uma abordagem baseada no conhecimento chamada ontologia [88]. A ontologia especifica uma concetualização de um domínio em termos de conceitos e das suas relações. A ontologia é reconhecida como uma infraestrutura fundamental para abordagens à engenharia do conhecimento. A ontologia não só reduz o tempo de pesquisa como também é muito útil para eliminar a ambiguidade no domínio da recuperação de informação. Representámos o conhecimento do domínio do turismo na Índia em termos de ontologia como uma estrutura em árvore. A raiz da árvore é assumida como o turismo indiano e os nós internos como os diferentes estados da Índia. Os nós do nível seguinte representam os distritos/bairros como locais turísticos do Estado correspondente. A figura 2.13 representa a ontologia como uma estrutura em árvore.

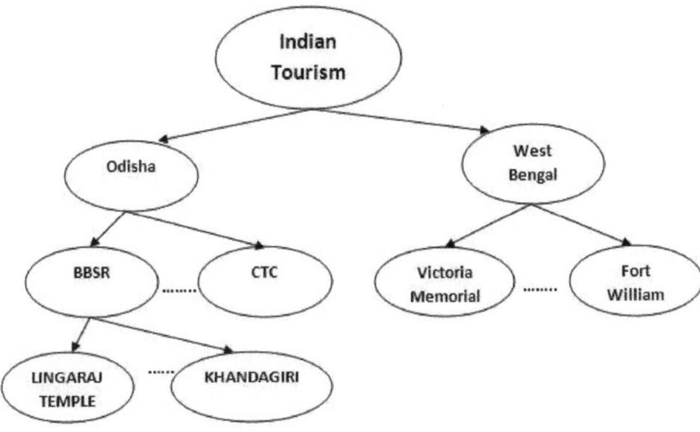

Figura 2.13: Ontologia como estrutura em árvore

2.6.8.6 Modelos de Markov ocultos

A abordagem mais flexível e bem sucedida para o reconhecimento de fala até agora tem sido os Modelos de Markov Ocultos (HMMs). Um modelo de Markov oculto é uma coleção de estados ligados por transições, como ilustrado na Figura 2.14. Começa num estado inicial designado. Em cada passo de tempo discreto, é efectuada uma transição para um novo estado e, em seguida, é gerado um símbolo de saída nesse estado. A escolha da transição e do símbolo de saída são ambas aleatórias, regidas por distribuições de probabilidade [89]. O HMM pode ser visto como uma caixa negra, em que a sequência de símbolos de saída gerados ao longo do tempo é observável, mas a sequência de estados visitados ao longo do tempo não é visível. É por isso que se chama um modelo de Markov oculto.

Os HMMs têm uma variedade de aplicações. Quando um HMM é aplicado ao reconhecimento da fala, os estados são interpretados como modelos acústicos, indicando quais os sons que provavelmente serão ouvidos durante os segmentos de fala correspondentes; enquanto as transições fornecem restrições temporais, indicando como os estados podem seguir-se uns aos outros em sequência [90]. Como a fala avança sempre no tempo, as transições numa aplicação de fala avançam sempre (ou fazem um auto-relaxamento, permitindo que um estado tenha uma duração arbitrária). A Figura 2.14 ilustra como os estados e as transições são efectuados num HMM para representar fonemas, palavras e frases. A utilização pormenorizada do HMM na ASR é abordada no capítulo 4.

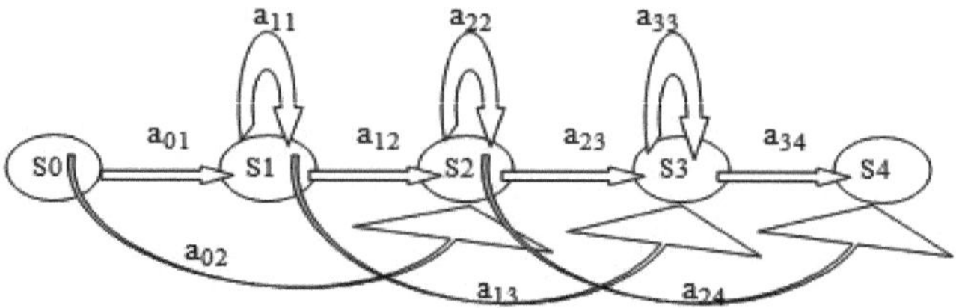

Figura 2.14: Modelo de Bakis de três estados emissores de HMM

2.6.9 Factores que influenciam o desempenho da ASR

- Variabilidade do locutor: Um orador pode modificar a sua produção e continuar a transmitir a mesma mensagem linguística. A variabilidade relacionada com o orador é um dos principais factores que influenciam os actuais sistemas ASR.

- Diferença de faixa etária: Os falantes pertencentes a diferentes grupos etários apresentam diferenças fisiológicas na forma e no comprimento do trato vocal, na frequência de vibração das cordas vocais e na forma do pulso glótico. Estas diferenças têm um impacto no desempenho do reconhecimento da fala, especialmente nos dois extremos do contínuo de grupos etários - as crianças e os idosos.

- Não existência de limites de palavras: As marcas concretas dos limites das palavras não se encontram na fala natural, que é uma sequência contínua de dados acústicos.

- Cardinalidade do alfabeto: O número de palavras admissíveis é muito grande na maioria das aplicações.

- Taxa de fala: O desfasamento entre a taxa de discurso dos dados do discurso de treino e dos dados do discurso de teste que diminui o desempenho da ASR.

- Variação de dialeto e pronúncia: Na fala espontânea, muitas palavras não são pronunciadas da forma que um dicionário padrão prevê. Isto deve-se principalmente a várias formas de co-articulação, ao estilo de fala do falante, ao seu dialeto particular, etc.

- Utilização de transdutores variáveis: No entanto, tem-se verificado que os sistemas de reconhecimento de voz têm um desempenho fraco quando são utilizados microfones diferentes para treino e teste.

- Condições ambientais: Ruído ambiental que reduz a exatidão do resultado da ASR.

CAPÍTULO-3

IDENTIFICAÇÃO DE ALTIFALANTES UTILIZANDO SVM

A identificação do orador é uma das partes da tarefa de reconhecimento do orador e outra parte do reconhecimento do orador é a verificação do orador. Este capítulo centra-se na tarefa de identificação do orador. A principal diferença entre a identificação e a verificação do orador é que a primeira é uma comparação de um para muitos, enquanto a última é uma comparação de um para um. O objetivo da identificação do orador é determinar quem está a falar. A identificação do orador pode ser utilizada para tarefas de autenticação, para obter acesso a dispositivos, instalações e páginas Web, em aplicações forenses. Neste trabalho de investigação, a tarefa de identificação do orador é resolvida utilizando a técnica de reconhecimento de padrões denominada Support Vetor Machine. O SVM utiliza os coeficientes cepstrais de frequência gama (GFCC) como vectores de caraterísticas da fala durante a fase de treino e de teste da identificação do orador.

3.1 Extração de GFCC

Os bancos de filtros auditivos Gammatone são filtros passa-banda de sobreposição não uniforme. A função auditiva Gammatone foi introduzida pela primeira vez pelo trabalho de Johanesma em 1972. Os filtros são derivados de observações psicofísicas e fisiológicas da periferia auditiva e este banco de filtros é um modelo padrão de filtragem coclear [91, 92]. O filtro é definido no domínio do tempo pela seguinte resposta ao impulso:

$$h(t) = t^{a-1} \exp(-2\pi bt) \cos(2\pi f_c t + \varphi). \tag{3.1}$$

Em que a, b indicam o filtro, t é o tempo, f_c é a frequência central do filtro, e φ é a fase, e a=4 é a ordem do filtro, B é a largura de banda retangular ERB (f_s) que aumenta com a frequência central f_c . Glasberg e Moore resumiram os dados humanos sobre a largura de banda retangular equivalente (ERB) do filtro auditivo com a função [93]:

$$ERB(f_c) = f_c / Q + B_0 \tag{3.2}$$ $B_0 = 24.7$

$Q = 9.64498$

em que B_0 é a largura de banda mínima; Q é a qualidade assimptótica do filtro a grandes frequências.

Um banco de 128 filtros cuja frequência central f_c varia entre 50 Hz e 8000 Hz. À semelhança do MFCC, o coeficiente de cetro do banco de filtros gammatone não é passado pelo banco de filtros mel, mas pelo banco de filtros gammatone. A dimensão do vetor de caraterística gammatone (GF) utilizado neste filtro é muito maior do que a dos vectores de caraterística acústica MFCC utilizados num sistema de identificação de altifalantes, porque o vetor GF inclui 128 componentes de frequência. Fourier inverso baseado na técnica da transformada discreta do cosseno (DCT). Os coeficientes resultantes são designados por coeficientes cepstrais de frequência gama (GFCC) [94,95].

O algoritmo subjacente ao cálculo do GFCC pode ser descrito da seguinte forma.

1. Passa o sinal de entrada através de um banco de filtros gammatone de 64 canais.
2. Em cada canal, rectifique a resposta do filtro e decime para 100Hz como forma de janela de tempo. De seguida, tome o valor absoluto. Isto cria uma representação tempo-frequência que é uma variante do chochleagram.
3. Fazer raiz cúbica na representação T-F.
4. Aplicar a DCT para derivar a caraterística cepstral.

Em termos gerais, existem duas grandes diferenças. A mais óbvia é a escala de frequência. O GFCC, baseado na escala de largura de banda retangular equivalente (ERB), tem uma resolução mais fina em baixas frequências do que o MFCC (escala mel). A outra é a etapa de retificação não linear antes da DCT. O MFCC utiliza um log enquanto o GFCC utiliza uma raiz cúbica. Além disso, a operação de log transforma a convolução entre a fonte de excitação e o trato vocal.

3.2 Máquina de vetor de suporte como classificador

A razão que torna as SVM mais eficazes em muitas aplicações do que outros métodos baseados em discriminantes lineares é o seu critério de aprendizagem. O objetivo de qualquer classificador deve ser minimizar o número de erros de classificação em qualquer conjunto possível de amostras. Isto é conhecido como Minimização do Risco (RM) [96]. O SVM garante a convergência através da minimização de uma função convexa. O SVM propõe a solução com a margem máxima que torna o classificador robusto em comparação com outros. O SVM pode tratar entradas com uma dimensionalidade muito elevada. Utilização da teoria da dualidade da otimização para tornar a estimativa dos parâmetros do modelo num espaço de caraterísticas de dimensão superior computacionalmente tratável.

O classificador SVM padrão é um classificador binário linear não probabilístico que prevê as classes a que pertencem as amostras desconhecidas. Durante a formação, o SVM utiliza pares de entrada-saída para aprender a função de decisão que é utilizada para classificar os dados de entrada numa das classes previstas. Durante o processo de formação, a SVM cria um modelo: representado por amostras colocadas num espaço de caraterísticas em que as amostras pertencentes à mesma classe são separadas no espaço de caraterísticas com uma margem, cujo tamanho é o maior possível. Os dados desconhecidos são também mapeados neste espaço e são classificados com base na sua posição neste espaço de caraterísticas. Formalmente, pode dizer-se que o SVM cria um hiperplano ou um conjunto de hiperplanos num espaço de caraterísticas de dimensão superior ou infinita. A melhor capacidade de separação é alcançada se o hiperplano tiver a maior distância das amostras de treino mais próximas de uma classe arbitrária. Em geral, a amplitude da margem mostra a capacidade de generalização do classificador [97].

A principal razão para utilizar um espaço de caraterísticas de dimensão superior para o classificador baseado em SVM é o problema de classificação linearmente não separável, em que os dados são distribuídos no espaço de caraterísticas de tal forma que não podem ser separados com uma função linear. A transformação das caraterísticas num espaço de caraterísticas de dimensão superior é efectuada com funções de kernel, sendo esta abordagem também designada por truque de kernel [98].

3.2.1 Algoritmo de minimização do risco estrutural

O algoritmo SVM baseia-se na teoria da aprendizagem estatística. Incorpora o princípio da Minimização do Risco Estrutural (MRE) [99]. A ideia subjacente ao princípio SRM consiste em criar uma estrutura de espaço de hipóteses S_h de dimensão Vapnik Chervonenkis (dimensão VC) h tal que

$$S_1 \subset S_2 \subset S_3 \ldots\ldots.. \subset S_i \subset \cdots . \tag{3.3}$$

A dimensão VC, h é um valor escalar.

O SRM consiste em resolver o seguinte problema [100]:

$$\min_{S_h}\left\{R_{emp}[f] + \sqrt{\frac{h(\ln(\frac{2td}{h}) + 1 - \ln(\delta/4)}{td}}\right\}, \quad (3.4)$$

em que o termo $R_{emp}[f]$ representa o risco empírico, td é o conjunto de dados de treino e 1 - δ confiança.

A equação 3.4 mostra a ideia de construção das SVMs que optimizam o risco estrutural. Este método é substancialmente diferente da Minimização Empírica do Risco (ERM) que é adoptada nas redes neuronais tradicionais.

3.2.2 Classificador de margem máxima

Um hiperplano é um subespaço unidimensional plano - por outras palavras, uma linha. Em três dimensões, um hiperplano é um subespaço bidimensional plano, ou seja, um plano. Em p > 3 dimensões, pode ser difícil visualizar um hiperplano, mas a noção de um subespaço plano (p-1)-dimensional continua a aplicar-se.

A definição matemática de um hiperplano é bastante simples. Em duas dimensões, um hiperplano é definido pela equação 3.5 que consiste nos parâmetros β_0 , β_1 , e β_2

$$\beta_0 + \beta_1 X_1 + \beta_2 X_2 = 0. \quad (3.5)$$

A equação 3.5 define o hiperplano, o que significa que qualquer $X = (X1, X2)^T$ para o qual a equação 3.5 é válida é um ponto do hiperplano. A equação 3.5 é simplesmente a equação de uma reta, uma vez que, de facto, em duas dimensões, um hiperplano é uma reta. A Equação 3.5 pode ser facilmente alargada à dimensão p [101, 102]:

$$\beta_0 + \beta_1 X_1 + \beta_2 X_2 + \dots\dots + \beta_p X_p > 0. \quad (3.6)$$

Isto diz-nos que X está num dos lados do hiperplano.

Por outro lado,

$$\beta_0 + \beta_1 X_1 + \beta_2 X_2 + \dots\dots + \beta_p X_p < 0,$$

(3.7)

então X está do outro lado do hiperplano. Assim, podemos pensar no hiperplano como uma divisão do espaço p-dimensional em duas metades.

Uma escolha natural é o hiperplano de margem máxima (também conhecido como hiperplano de separação ótimo), que é o hiperplano de separação que está mais afastado das observações de treino. Ou seja, a distância (perpendicular) de cada observação de treino a um determinado hiperplano de separação será calculada e a menor dessas distâncias é a distância mínima das observações ao hiperplano, que é conhecida como a margem [103]. O hiperplano de margem máxima é o hiperplano de separação para o qual a margem é maior, ou seja, é o hiperplano que tem a distância mínima mais distante das observações de treino. Uma observação de teste pode ser classificada com base no lado do hiperplano de margem máxima a que pertence. Este é conhecido como o classificador de margem máxima. Espera-se que um classificador que tenha uma grande margem nos dados de treino tenha também uma grande margem nos dados de teste e, por conseguinte, classifique corretamente as observações de teste. Embora o classificador de margem máxima seja frequentemente bem sucedido, também pode levar a um ajuste excessivo quando p é grande.

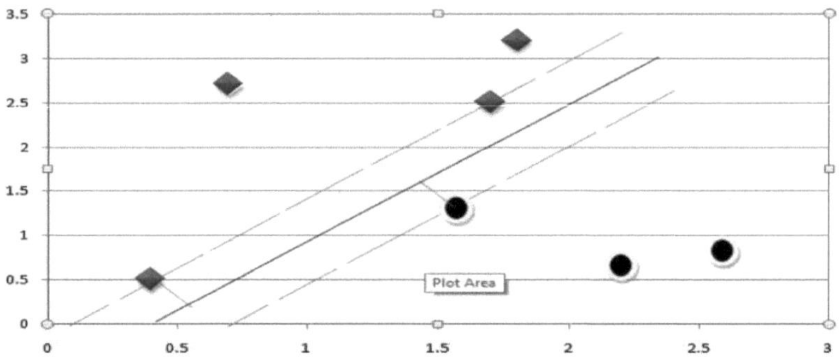

Figura 3.1: Duas classes de observações com hiperplano marginal máximo.

A Figura 3.1 apresenta duas classes de observações, representadas em círculo e em quadrado [104]. O hiperplano de margem máxima é apresentado como uma linha sólida. A margem é a distância entre a linha sólida e qualquer uma das linhas tracejadas. A Figura 3.1 mostra que três observações de treino estão equidistantes do hiperplano de margem máxima e encontram-se ao longo das linhas tracejadas que indicam a largura da margem. Estas três observações são designadas por vectores de apoio, porque são vectores no espaço p-dimensional (na Figura 3.1, p = 2) e "apoiam" o hiperplano de margem máxima, no sentido em que se estes pontos se deslocassem ligeiramente, o hiperplano de margem máxima também se deslocaria. Curiosamente, o hiperplano de margem máxima depende diretamente dos vectores de apoio, mas não das outras observações.

3.2.3 Classificadores de vectores de suporte

O hiperplano de margem máxima é extremamente sensível a uma alteração numa única observação, o que sugere que pode ter-se ajustado demasiado aos dados de treino. Neste cenário, recomenda-se que se considere um classificador baseado num hiperplano que não separe perfeitamente as duas classes, no interesse de uma maior robustez a observações individuais e de uma melhor classificação da maioria das observações de treino. Por outro lado, pode afirmar-se que valerá a pena classificar mal algumas observações de treino para fazer um melhor trabalho na classificação das restantes observações. O classificador de vectores de apoio, por vezes designado por classificador de margem suave, faz exatamente isto. Em vez de procurar a maior margem possível para que cada observação esteja não só no lado correto do hiperplano, mas também no lado correto da margem. Em vez disso, é permitido que algumas observações estejam no lado incorreto da margem, ou mesmo no lado incorreto do hiperplano.

O classificador de vectores de apoio classifica uma observação de teste em função do lado de um hiperplano em que se encontra. O hiperplano é escolhido para separar corretamente a maior parte das observações de treino nas classes, mas pode classificar mal algumas observações [105]. É a solução para o problema de otimização

$$\text{maximizar} \quad M \tag{3.8}$$

$$\beta_0, \beta_1, \beta_2, \ldots\ldots \beta_p, \epsilon_1, \ldots\ldots \epsilon_n, \tag{3.9}$$

$$\text{Sujeito a } \sum_{j=1}^{p} \beta_j^2 = 1, \tag{3.10}$$

$$y_i(\beta_0 + \beta_1 X_1 + \beta_2 X_2 + \ldots\ldots + \beta_p X_p) \geq M(1 - \epsilon_i) \tag{3.11}$$

$$\epsilon_i \geq 0, \sum_{i=1}^{n} \epsilon_i \leq C \tag{3.12}$$

em que C é um parâmetro de afinação não negativo. M é a largura da margem; procuramos que esta quantidade seja tão grande quanto possível. Na Equação 3.8, ϵ_1, ϵ_2 . . . , ϵ_n são variáveis de folga que permitem que observações individuais estejam do lado errado da margem ou do hiperplano. A classificação dos dados de teste baseia-se nos lados do hiperplano em que se encontram. Uma observação que se encontre estritamente no lado correto da margem não afecta o classificador de vectores de apoio. Alterar a posição dessa observação não altera em nada o classificador, desde que a sua posição permaneça no lado correto da margem. As observações que se encontram diretamente na margem, ou no lado errado da margem para a sua classe, são conhecidas como vectores de apoio. Estas observações afectam o classificador de vectores de apoio.

3.2.4 Máquinas de vectores de suporte para classificação com limites de decisão não lineares

O classificador de vectores de apoio é uma abordagem natural para a classificação no contexto de duas classes, se a fronteira entre as duas classes for linear. No entanto, na prática, deparamo-nos por vezes com limites de classe não lineares.

Nesse caso, o classificador de vectores de apoio aborda o problema das fronteiras possivelmente não lineares entre classes de forma semelhante, alargando o espaço de caraterísticas utilizando funções quadráticas, cúbicas e mesmo polinomiais de ordem superior dos preditores [106]. Por exemplo, em vez de ajustar um classificador de vetor de apoio utilizando p caraterísticas

$$X_1 , X_2 , \ldots , X_p ,$$

poderia, em vez disso, ajustar um classificador de vetor de suporte utilizando 2p caraterísticas

$$X_1 , X_1^2, X_2 , X_2^2 , \ldots , X_p , X_P^2.$$

Então, a Equação 3.8-3.12 passaria a ser

$$\begin{gathered}
\text{maximizar} \qquad M \\
\beta_{0,}\beta_{1,}\beta_{2,} \ldots \ldots \beta_{p,}, \epsilon_{1,} \ldots \ldots \epsilon_{n,} \\
\text{Sujeito a } y_i(\beta_0 + \textstyle\sum_{j=1}^{p} \beta_{j1} x_{ij} + \sum_{j=1}^{p} \beta_{j2}\, x_{ij}^2) \;\geq M(1 - \epsilon_i) \\
\textstyle\sum_{i=1}^{n} \epsilon_i \leq C , \epsilon_i \geq 0, \sum_{j=1}^{p} \sum_{k=1}^{2} \beta_{jk}^2 = 1.
\end{gathered} \tag{3.13}$$

No espaço de caraterísticas alargado, a fronteira de decisão que resulta da Equação 3.13 é, de facto, linear. Mas no espaço de caraterísticas original, a fronteira de decisão é da forma q(x) = 0, em que q é um polinómio quadrático, e as suas soluções são geralmente não lineares. Além disso, pode querer-se alargar o espaço de caraterísticas com termos polinomiais de ordem superior, ou com termos de interação da forma $X_{j}, X_{j'},$ para j=j' .

A fim de acomodar uma fronteira não linear entre as classes, a abordagem de kernel é uma abordagem computacional eficiente para pôr em prática esta ideia. Acontece que a solução para o problema do classificador de vectores de apoio (Equação 3.8-3.12) envolve apenas os produtos internos das observações (por oposição às próprias observações). O produto interno de dois vectores r a e b é definido como $\langle a, b\rangle = \sum_{i=1}^{r} a_i\, b_i$. Assim, o produto interno de duas observações $x_i, x_{i\prime}$, é dado por

$$\langle x_i, x_{i\prime}\rangle = \sum_{i=1}^{r} x_{ij}, x_{i\prime j}, \tag{3.14}$$

Pode demonstrar-se que o classificador linear de vectores de apoio pode ser representado como

$$f(x) = \beta_0 + \sum_{i=1}^{n} \propto_i \langle x, x_i\rangle, \tag{3.15}$$

em que existem n parâmetros $\propto_i$, i = 1, . . . , n, um por cada observação de treino.

- Para estimar os parâmetros $\propto_i, \ldots\ldots\ldots \propto_n$ e β_0 basta obter os $\binom{n}{2}$ produtos internos $\langle x_i, x_{i\prime}\rangle$ entre todos os pares de observações de treino. A notação $\binom{n}{2}$ significa n(n - 1)/2, e dá o número de pares num conjunto de n itens.

A partir da Equação 3.15, verifica-se que a função $f(x)$é avaliada calculando o produto interno entre o novo ponto x e cada um dos pontos de treinox_i. No entanto, verifica-se que $\propto_i$ é diferente de zero apenas para os vectores de apoio na solução - ou seja, se uma observação de treino não for um vetor de apoio, então o seu $\propto_i$ é igual a zero. Assim, se S for a coleção de índices destes pontos de apoio, podemos reescrever qualquer função de solução da forma da Equação 3.15 como

$$f(x) = \beta_0 + \sum_{i \in s} \propto_i \langle x, x_i\rangle. \tag{3.16}$$

Agora suponha que sempre que o produto interno da Equação 3.14 aparece na representação da Equação 3.16, ou num cálculo da solução para o classificador de vectores de suporte, é substituído por uma generalização do produto interno da forma

$$K(x, x_{i\prime}), \tag{3.17}$$

onde K é referido como um kernel. Um kernel é uma função que quantifica a semelhança entre duas observações. A equação 3.17 pode ser escrita

$$K(x, x_{i\prime}) = \sum_{j=1}^{p} x_{ij}, x_{i\prime j}, \tag{3.18}$$

o que nos devolveria apenas o classificador de vetor de suporte. A Equação 3.18 é conhecida como um núcleo linear porque o classificador de vectores de suporte é linear nas caraterísticas. Em vez disso, poder-se-ia escolher outra forma para a Equação 3.17. Por exemplo, poder-se-ia substituir cada instância de

$$K(x, x_{i'}) = (1 + \sum_{j=1}^{p} x_{ij} x_{i'j})^d . \quad (3.19)$$

Isto é conhecido como um núcleo polinomial de grau d, em que d é um número inteiro positivo [107]. A utilização deste tipo de núcleo com d > 1, em vez do núcleo linear padrão Equação 3.18, no algoritmo do classificador de vectores de apoio conduz a uma fronteira de decisão muito mais flexível. Essencialmente, equivale a ajustar um classificador de vetor de apoio num espaço de dimensão superior envolvendo polinómios de grau d, em vez de no espaço de caraterísticas original. Quando o classificador de vetor de suporte é combinado com um núcleo não linear, como a Equação 3.19, o classificador resultante é conhecido como uma máquina de vetor de suporte.

$$f(x) = \beta_0 + \sum_{i \in S} \alpha_i K\langle x, x_i \rangle \quad (3.20)$$

3.2.5 Função Kernel como mecanismo de mapeamento

As SVMs constroem um hiperplano de separação ótimo no espaço de dimensão superior, escolhendo um mapeamento não linear. O mapeamento no espaço dimensional superior é efectuado pela função kernel $K\langle x, x_i \rangle$. A função kernel permite-nos mapear as caraterísticas do espaço de caraterísticas original para um espaço de caraterísticas de dimensão superior. Os dados podem tornar-se linearmente separáveis no espaço de caraterísticas, embora a entrada original não seja linearmente separável no espaço de entrada. A Figura 3.2 indica o mapeamento para um espaço de dimensão superior através da função kernel.

A teoria do kernel baseia-se no espaço de Hilbert do kernel de reprodução (RKHS). Se K for uma função simétrica de definição positiva e satisfizer a condição de Mercer, então pode ser utilizada como núcleo para a transformação do espaço de caraterísticas. Consequentemente, o núcleo representa um produto interno legítimo no espaço de caraterísticas. Nem todas as funções podem ser utilizadas como núcleo e também nem para todas as funções podemos encontrar uma transformação adequada Φ_T. A Tabela 3.1 apresenta três funções de núcleo típicas.

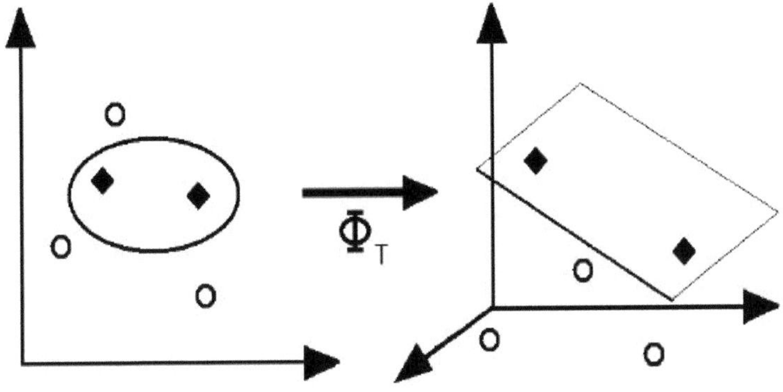

Figura 3.2: Mecanismo de mapeamento (adotado de [Hric 39])

3.2.5.1 RBF (Função de base radial) gaussiana como função de kernel

A função RBF é uma das funções de kernel mais utilizadas numa série de aplicações de SVM e é definida como [3]:

$$K(x, x_{i',}) = \exp(-\gamma||X - X_i)||^2) \quad . \tag{3.21}$$

Outra variação da função RBF é a RBF exponencial, que é aplicada se forem aceites descontinuidades. Definição de RBF exponencial [108]:

$$K(x, x_{i',}) = \exp(-||X - X_i)||^2 \,/\, 2\sigma^2). \tag{3.22}$$

Tabela 3. 1: Resumo dos núcleos de produto interno

Função Kernel	Núcleo do produto interno $K\langle x, x_{i,}\rangle$, i=1....N
Núcleo polinomial	$K\langle x, x_{i,}\rangle = (X^T X + 1)^d$
Kernel gaussiano (base radial)	$K(x, x_{i',}) = \exp(-\|\|X - X_i)\|\|^2 \,/\, 2\sigma^2)$
Perceptrão de várias camadas (sigmoide)	$K\langle x, x_{i,}\rangle = \tanh(\beta_0 X^T X_i + \beta_1)$

3.3 Melhoria da fala utilizando filtro de Wiener adaptativo e iterativo

O processamento da fala é amplamente utilizado em aplicações quotidianas que a maioria das pessoas toma como garantidas, tais como linhas de rede, telefonia celular, sistemas de telefonia e atendedores de chamadas. Mas as aplicações de processamento da fala nas comunicações homem-máquina começam a degradar-se quando o ruído é adicionado ao sinal de fala original [109]. Devido à sua popularidade e ao aumento da procura, os engenheiros estão a tentar várias abordagens para melhorar o processo. O melhoramento da fala é uma abordagem comum para resolver os efeitos da degradação devida ao ruído e à contaminação do canal. Esta abordagem tem por objetivo suprimir os sinais indesejados e recuperar o discurso limpo, o que aumenta a robustez dos sistemas e melhora a qualidade, o conforto auditivo e a inteligibilidade. O objetivo de obter uma maior qualidade e/ou inteligibilidade do discurso ruidoso pode também contribuir para melhorar o desempenho noutras aplicações de voz, como a compressão de voz, o reconhecimento de voz ou a identificação do locutor. No entanto, os algoritmos do tipo subtração têm o grave inconveniente de a fala melhorada ser acompanhada por um artefacto de ruído musical desagradável, caracterizado por tons com frequências aleatórias [110]. Para além de ser extremamente incómodo para os ouvintes, o ruído musical também prejudica bastante o desempenho dos algoritmos de codificação da fala. Nesta tese, é aplicado um filtro de Wiener adaptativo e iterativo baseado nas estatísticas da fala, ou seja, na média e na variância. O filtro de Wiener adaptativo e iterativo proposto é utilizado como operação de pré-processamento em tarefas de reconhecimento de fala Oriya e de identificação de locutor [111].

A fala monoaural x[n] corrompida por ruído aditivo b[m] que leva a gerar o sinal ruidoso y[n] que pode ser modelado pela equação de tempo discreto como

$$y[n]=x[n] + b[m]. \tag{3.23}$$

O objetivo é estimar x[n] apenas a partir do conhecimento de y[n]. A abordagem Lone para recuperar o sinal desejado x[n] baseia-se na aditividade dos espectros de potência, ou seja

$$S_y\,(w)=S_x\,(w)+S_b\,(w) \tag{3.24}$$

O filtro de Wiener é uma técnica alternativa popular que tem sido usada em muitos métodos de otimização de sinais para recuperar o sinal limpo x[n] corrompido pelo ruído aditivo b[n] mostrado na Equação-3.23, é encontrar um filtro linear h[n]. Sob a condição de que os sinais x[n] e b[n] não estão correlacionados e são estacionários, a solução em frequência para este problema de otimização estocástica dá a seguinte função de transferência do filtro [112]:

$$H_S(w) = \frac{S_x(w)}{S_x(w) + S_b(w)}. \tag{1.25}$$

S_x (w) e S_b (w) são as densidades espectrais de potência dos sinais limpo e de ruído, respetivamente. Do mesmo modo, o filtro de Wiener variável no tempo pode ser expresso como

$$Hs(pL, w) = \frac{\hat{S}_x(pL,w)}{\hat{S}_x(pL,w) + \hat{S}_b(w)} . \quad (3.26)$$

Esta definição pode ser incorporada na equação do filtro de Wiener da seguinte forma

$$H_s\ (pL, w) = 1 + \frac{1}{SNR(pL,w) + \hat{S}_b(w)} . \quad (3.27)$$

Uma implementação adaptativa e iterativa do filtro de Wiener obtém os benefícios necessários das estatísticas locais variáveis do sinal de voz. Nesta abordagem, a média estimada do sinal de voz m_x e a variância σ^2_x são exploradas. Assume-se que o ruído aditivo b[n] tem uma média zero e uma natureza branca com uma variância de σ^2_b . Assim, o espetro de potência S_b (w) pode ser aproximado por

$$S_b(w) = \sigma_b^2 . \quad (3.28)$$

Suponha-se que um sinal y[n] é processado em tempo curto no intervalo de fotogramas L e que temos disponível uma estimativa do filtro de Wiener no fotograma p-1, denotada por $\hat{H}s$ ((p-1)L,w). O fundo b[n] é assumido como estacionário e o seu espetro de potência, S_b (w), é estimado através da média dos espectros numa região de fundo conhecida. Para um sinal limpo não estacionário x[n], uma abordagem para obter uma estimativa do seu espetro de potência variável no tempo no p-ésimo fotograma utiliza o filtro de Wiener passado Hs((p-1)L,w) para melhorar o fotograma atual[113]. Esta operação produz uma STFT estimada no p-ésimo fotograma

$$\hat{X}(pL, w) = Y(pL, w)\hat{H}_s((p-1)L, w), \quad (3.29)$$

que é utilizado para atualizar o filtro de Wiener:

$$, \quad \mathrm{H_s}(\,\mathrm{pL, w}) = \frac{|\hat{X}(pL,w)|^2}{|\hat{X}(pL,w)| + \hat{S}_b(w)} . \quad (3.30)$$

que pode ser representado por

$$. \quad \mathrm{H_S(pL, w)} = \frac{\sigma_b^2}{\sigma_x^2 + \sigma_b^2} . \quad (3.31)$$

O filtro da Equação 3.31 pode variar rapidamente de fotograma para fotograma, tal como acontece com a subtração espetral, o resultado é um resíduo de ruído com artefactos flutuantes

[114]. Uma abordagem para abrandar o movimento rápido de fotograma para fotograma do espetro de potência do objeto é a suavização no p-ésimo fotograma por $\hat{s}_x$ (pL,w) . Em seguida, a estimativa do espetro de potência suavizado é obtida como

$$\hat{S}_x(pL,w) = \tau\hat{S}_x\left((pL-1),w\right) + (1-\tau)\hat{S}_x(pL,w), \tag{3.32}$$

em que τ é a constante de alisamento.

O objetivo é tornar o filtro de Wiener adaptativo mais sensível à presença do sinal desejado sem sacrificar a capacidade do filtro para suprimir o ruído [115]. Isto é conseguido utilizando a constante de suavização recursiva na Equação 3.32. Uma constante de suavização variável no tempo é selecionada para refletir o grau de estacionariedade da forma de onda, que é obtido através de uma medida de derivada espetral. A medida da derivada é definida para o p-ésimo fotograma como

$$\Delta Y(pL) = \sqrt{\frac{1}{\pi}\int |Y(pL,w) - Y((p-1)L,w)|^2\, dw} \tag{3.33}$$

É suavizado temporalmente como

$$\Delta\hat{Y}(pL) = f_\Delta[p] * \Delta Y(pL) \tag{3.34}$$

f_Δ [p] é um filtro linear não causal. A medida da derivada espetral suave é então mapeada para uma constante de suavização variável no tempo como

$$\tau(p) = E\left[1 - 2\Delta\hat{Y}(pL) - \Delta\hat{Y}(pL) - \Delta\hat{Y}\right], \tag{3.35}$$

$$\text{Onde} \quad E(x) = \begin{cases} 0, & x < 0 \\ x, & 0 \le x \le 1 \\ 1, & x > 1 \end{cases}$$

Em que $\Delta\hat{Y}$ é a derivada espetral média sobre a região de fundo conhecida. A subtração de $\Delta\hat{Y}$e a multiplicação por 2 no argumento de E são encontrados empiricamente para normalizar τ(p) para cair aproximadamente entre zero e unidade[116].

O espetro do sinal claro e suave resultante é dado por

$$\hat{S}_x(pL,w) = \tau(p)\hat{S}_x(((p-1)L-1),w) + \left(1 - \tau(p)\right)\hat{S}_x(pL,w). \tag{3.36}$$

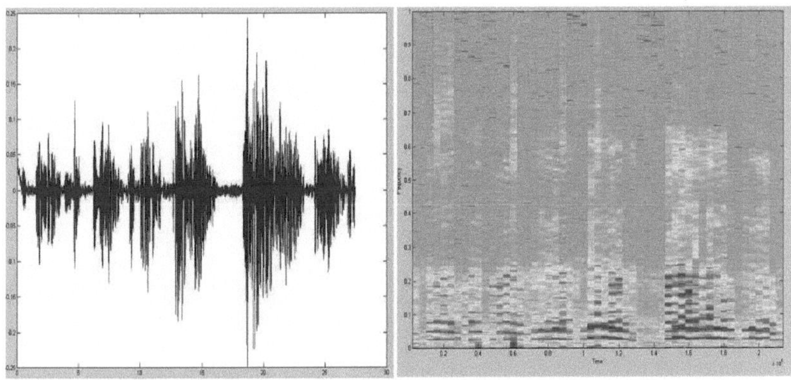

Figura 3.3: A forma de onda e o espetrograma do sinal de fala Oriya com ruído

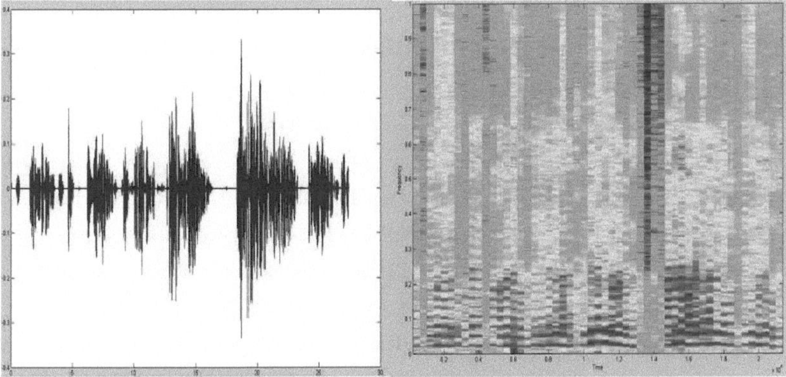

Figura 3.4: Forma de onda e espetrograma melhorados do sinal de voz ruidoso acima referido depois de passar pelo filtro de Wiener adaptativo e iterativo.

A Figura 3.3 mostra a forma de onda e o espetrograma do sinal de fala Oriya ruidoso e a Figura 3.4 mostra a forma de onda e o espetrograma melhorados do sinal de fala ruidoso anterior depois de passar pelo filtro de Wiener adaptativo e iterativo.

Os resultados do rácio sinal/ruído (SNR) para diferentes algoritmos de melhoramento são comparados e apresentados na Fig. 3.5.

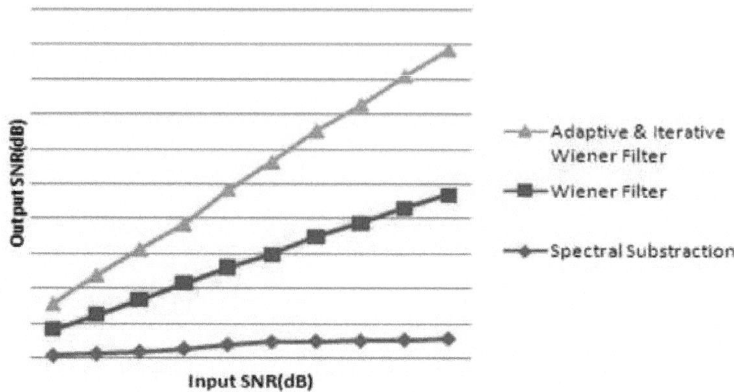

Figura 3.5: Resultados da SNR para ruído a níveis de SNR de -10 dB a +35 dB

3.4 Corpus de fala para identificação de oradores

Esta base de dados está dividida em dois corpus [46, 104, 111]:

- Corpus de treino: Consiste em ficheiros de discurso pronunciados por 60 oradores, incluindo os dois géneros, em que cada orador repete os dígitos (0,1, 2, 3, 4, 5, 6, 7) três vezes cada e o corpus de treino também contém os ficheiros de discurso gravados de diferentes tipos, nomeadamente, frase-passe dependente do utilizador, texto solicitado e frase-passe única.

- Corpus de teste: Consiste em ficheiros de fala pronunciados por 60 oradores, incluindo os dois géneros, em que cada orador repete os dígitos (8, 9) três vezes cada, bem como os ficheiros de fala utilizados na fase de treino.

FRASE-PASSE DEPENDENTE DO UTILIZADOR: Cada cliente pronuncia a sua própria frase-passe (escolhida ou gerada pelo sistema). Neste cenário, a duração e o conteúdo lexical variam entre os oradores.

TEXTO PROMETIDO: Cada cliente pronuncia uma frase ou palavra solicitada pelo sistema. Este cenário não exige que o utilizador se lembre de uma frase-passe específica e reduz o risco de ataques de repetição. A variabilidade da duração pode ser facilmente reduzida acrescentando uma restrição às mensagens, enquanto a variabilidade lexical pode ser reduzida limitando o conteúdo fonético das mensagens. Uma abordagem muito comum consiste em utilizar uma série de dígitos ordenados aleatoriamente.

Frase-passe única: cada cliente pronuncia a mesma frase-passe. Este é o cenário mais restrito, uma vez que tanto a duração como o texto são fixos.

Configuração da gravação

Durante as sessões de gravação, os dados da fala foram registados através de um microfone. Nas sessões de gravação, os oradores voluntários estavam sentados a uma mesa com um auscultador ligado a um computador portátil e tinham de falar para o auscultador.

Hardware de gravação.

Foi utilizado um computador portátil Dell Vostro 1015 para gravar o discurso através de auscultadores Logitech e Philips.

Locais de gravação.

Foram utilizadas salas de escritório e laboratórios de estudantes para efetuar as gravações. O ruído exterior no ambiente de escritório foi provocado pela abertura e fecho de portas e gavetas, conversas de pessoas, impressoras, telefones, etc. As gravações foram efectuadas no laboratório de estudantes quase sempre quando este estava completamente vazio. Para além destes ambientes, foram também realizadas algumas sessões de gravação em ambiente doméstico.

Sessão de gravação

Os oradores voluntários selecionados despenderam até uma hora para a sessão de gravação. Foi assegurado que o voluntário estava sentado confortavelmente ao alcance do conjunto de auscultadores a utilizar para a gravação. Os objectos que o voluntário poderia utilizar para produzir ruído involuntariamente foram retirados do seu alcance, por exemplo, cadeiras que rangessem quando balançadas e canetas que pudessem produzir estalidos. O condutor da sessão e o voluntário decidiram quais os sinais manuais a utilizar para comunicar durante a gravação, por exemplo, se o condutor da sessão quisesse que o voluntário repetisse uma frase.

Software de gravação:

O software Praat foi utilizado no computador portátil para captar e gerir a fala recebida através do microfone [117]. O microfone foi gravado a 16000Hz, 16bit e canal mono. O ficheiro gravado é armazenado em formato wav.

CAPÍTULO-4

RECONHECIMENTO DE VOZ ORIYA

Um paradigma de modelação estatística como o modelo de Markov oculto é uma abordagem fundamental para o desenvolvimento do reconhecedor automático de fala (ASR). O ASR tem vários componentes principais. Em primeiro lugar, o sinal de fala é analisado utilizando algoritmos de extração de caraterísticas. O modelo acústico é então utilizado para representar o conhecimento necessário para reconhecer os sons individuais envolvidos na fala, como os fonemas em contexto. As palavras podem, assim, ser construídas como sequências desses sons individuais. Isto é representado num modelo de pronúncia. Por último, o modelo de linguagem (LM) está a ser utilizado para representar o conhecimento relativo ao agrupamento de palavras para construir frases. A estrutura destes modelos é geralmente orientada por conhecimentos científicos sobre a estrutura da linguagem escrita e falada, mas os seus parâmetros são estimados com base em dados, utilizando grandes corpora de fala e de texto. Em tempo de execução, o papel fundamental de determinar qual é a sequência de palavras que melhor corresponde a um sinal de fala de entrada é assumido pelo descodificador, que é basicamente uma pesquisa de grafos que utiliza estes diferentes modelos. Os algoritmos de pesquisa podem ser bastante simples, por exemplo, para o reconhecimento de palavras faladas isoladamente, mas podem tornar-se mais complexos para o reconhecimento de um vocabulário muito vasto em discurso contínuo.

4.1 Reconhecimento de fala em Oriya baseado no modelo de Markov oculto

No contexto do HMM, o reconhecimento da fala actua como uma abordagem de reconhecimento de padrões em que um sinal de fala de um enunciado falado é mapeado para cadeias de palavras com significado[118]. O mapeamento de um sinal de fala em palavras com significado pode ser efectuado utilizando o reconhecimento de padrões a vários níveis, uma vez que os sinais acústicos de fala podem ser estruturados numa hierarquia de unidades de fala, tais como sub-palavras (fonemas), palavras e cadeias de palavras (frases) [119].

Seguindo esta abordagem, a mensagem resulta de um modelo linguístico que fornece uma estimativa de P(W) para qualquer sequência de palavras W (w_1 , w_2 ,) e de um canal acústico, que codifica a mensagem W no sinal X, e que é modelado como uma função de densidade de probabilidade p(X |W). O reconhecimento da fala consiste assim em maximizar a probabilidade a posteriori de W, o que equivale a maximizar o produto p(W)p(X|W). Desta forma, o reconhecimento de fala pode ser decomposto em três problemas: o desenvolvimento do modelo linguístico p(W), o desenvolvimento do modelo acústico p(X|W) e o desenvolvimento de um descodificador que explore estes dois modelos [120].

O sistema básico de reconhecimento automático de voz é composto por cinco componentes:

1. Extração de caraterísticas: Processa o sinal de voz num conjunto de vectores de caraterísticas de observação X_s , removendo informações redundantes ou sem importância, como as frequências fundamentais ou o ruído.
2. Modelo acústico: Estima as probabilidades acústicas $P(X_s|\lambda)$ de que os vectores de caraterísticas de observação X_s tenham sido gerados pelos modelos de subpalavras (fonemas) λ.
4. Léxico de pronúncia: Estima as probabilidades de palavras $P(\lambda|W)$ dada a sequência de sub-palavras (fonemas) gerada pelo modelo λ.
5. Modelo linguístico, que estima a probabilidade prévia de sequências de palavras P(W), e
6. Algoritmo de pesquisa: É utilizado para determinar a cadeia de palavras W mais provável entre todas as cadeias de palavras W possíveis, dado o vetor de caraterísticas de observação X_s, que pode ser estimado a partir das provas da modelização acústica, do léxico e da modelização linguística.

4.1.1 Arquitetura do reconhecedor de fala Oriya baseado em HMM

Os componentes principais de um reconhecedor de fala contínua de grande vocabulário são ilustrados na Figura 4.1. A forma de onda do áudio de entrada de um microfone é convertida numa sequência de vectores acústicos de tamanho fixo $Y = y_1 , - - - , y_T$ num processo designado por extração de caraterísticas. O descodificador tenta então encontrar a sequência de palavras $W = w_1 , - - - , w_K$ que mais provavelmente terá gerado Y, ou seja, o descodificador tenta encontrar

$$\hat{W} = argmax[p(W|Y)]. \quad (4.1)$$

$$W$$

Como p(W|Y) é difícil de modelar diretamente, a regra de Bayes é utilizada para transformar a Equação 4.1 no problema equivalente de encontrar:

$$\hat{W} = \underset{W}{argmax}[p(Y|W)p(W)]. \quad (4.2)$$

A probabilidade p(Y|W) é determinada por um modelo acústico e a anterior p(W) é determinada por um modelo de linguagem [121, 122]. O modelo acústico não é normalizado e o modelo linguístico é frequentemente escalado por uma constante determinada empiricamente e é adicionada uma penalidade de inserção de palavras, ou seja, no domínio logarítmico, a semelhança total é calculada como log $p(Y|W) + \alpha\, p(W) + \beta|W|$ em que α está normalmente no intervalo 8-20 e β está normalmente no intervalo 0 a -20. A unidade básica de som representada pelo modelo acústico é o fone.

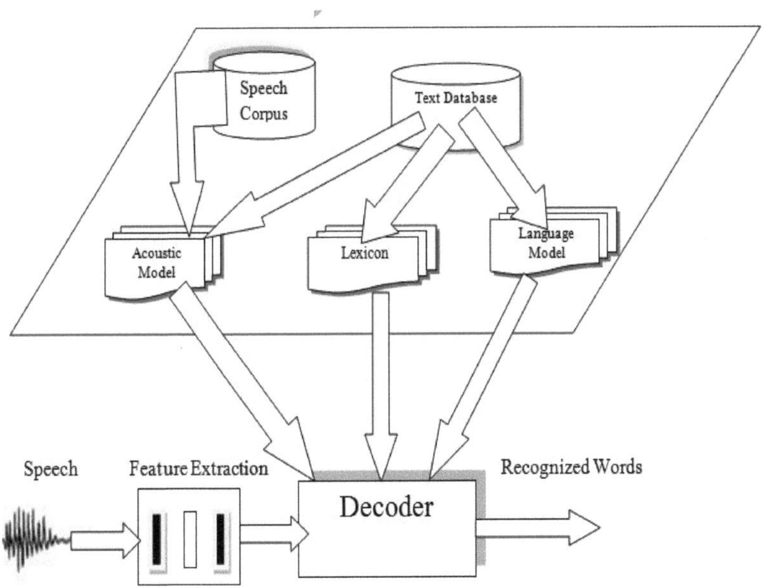

Figura 4.1: Arquitetura da ASR

4.1.2 Extração de caraterísticas para o reconhecedor de fala Oriya

Os sistemas de reconhecimento da fala não modelam a fala diretamente ao nível da forma de onda; em vez disso, são utilizadas técnicas de processamento do sinal para extrair as caraterísticas acústicas que devem ser modeladas na fase final do reconhecedor da fala. Uma boa representação das caraterísticas acústicas para o reconhecimento da fala deve ser compacta, sem perder muita informação do sinal, e corresponder bem aos pressupostos de distribuição dos modelos acústicos. Na prática, as representações de caraterísticas acústicas utilizadas no reconhecimento da fala não retêm a informação de fase, nem têm como objetivo reter a informação sobre a fonte glótica, que é relativamente independente da mensagem linguística [123].

Após a amostragem e a quantização (normalmente 16 kHz e 16 bits), sabe-se que o sinal de fala ainda é relativamente redundante. Nos sistemas ASR, também se procuram representações compactas. Os algoritmos de processamento de sinais são utilizados para extrair vectores de caraterísticas salientes, mantendo a informação necessária para reconhecer a fala e descartando a restante, o que é frequentemente designado por extração de caraterísticas. Esta etapa baseia-se basicamente no modelo fonte-filtro, em que a fala é descrita como um sinal fonte, que representa o fluxo de ar nas pregas vocais, passado por um filtro variável no tempo, que representa o efeito do trato vocal. O reconhecimento da fala baseia-se essencialmente no reconhecimento de sequências de fonemas que dependem principalmente das formas do trato vocal.

O conhecimento sobre o sistema auditivo humano também encontrou o seu caminho nos métodos de análise da fala. Algumas formas de modelos de resolução não linear de frequências e de suavização do ouvido estão a ser regularmente utilizadas. É o caso dos coeficientes cepstrais de frequência mel (MFCC), bem como das técnicas de predição linear percetual (PLP), em que os coeficientes cepstrais são calculados a partir de um espetro que foi deformado ao longo de escalas espectrais não lineares (escala mel e escala Bark, respetivamente). A precisão do reconhecimento de fala é substancialmente melhorada se os vectores de caraterísticas forem aumentados com a primeira e segunda derivadas temporais das caraterísticas acústicas (por vezes referidas como deltas e delta-deltas), acrescentando assim alguma informação sobre a dinâmica temporal local do sinal de fala à representação das caraterísticas [124]. A adição desta informação temporal ao vetor de caraterísticas acústicas introduz uma dependência direta entre vectores de caraterísticas sucessivos, que não é normalmente tida em conta na modelização acústica. Nesta tese, foram utilizados os coeficientes cepstrais de mel-frequência e as suas primeiras e segundas derivadas. O resultado final é um vetor de caraterísticas cuja dimensionalidade é tipicamente de cerca de 40. O detalhe da extração dos MFCCs do sinal de fala é descrito na Sec. 2.3.1.5 do capítulo 2.

4.1.3 Modelo acústico

Como já foi referido, as palavras faladas em W são decompostas numa sequência de sons básicos chamados fones de base [125]. Para permitir uma possível variação da pronúncia, a probabilidade p(Y|W) pode ser calculada sobre múltiplas pronúncias

$$p(Y|W) = \sum_Q p(Y|Q)p(Q|W), \quad (4.3)$$

em que o somatório é sobre todas as sequências de pronúncias válidas para W, Q é uma sequência particular de pronúncias,

$$p(Q|W) = \prod_{l=1}^{L} P(q^{w_t}|w_l), \quad (4.4)$$

e em que cada q^{w_t} é uma pronúncia válida para a palavra w_l. Haverá apenas um número muito pequeno de pronúncias alternativas para cada w_l o que torna o somatório da Equação 4.4 facilmente tratável.

Cada telefone de base q é representado por um HMM de densidade contínua da forma ilustrada na Figura 4.2 com parâmetros de probabilidade de transição $\{a_{ij}\}$ e distribuições de observação de saída $\{b_j()\}$. Em funcionamento, um HMM faz uma transição do seu estado atual para um dos seus estados ligados em cada passo de tempo. A probabilidade de efetuar uma determinada transição do estado s_i para o estado s_j é dada pela probabilidade de transição $\{a_{ij}\}$. Ao entrar num estado, é gerado um vetor de caraterísticas utilizando a distribuição associada ao estado em que se entra, $\{b_j()\}$ [126]. Esta forma de processo produz os pressupostos de independência condicional padrão para um HMM:

- os estados são condicionalmente independentes de todos os outros estados, dado o estado anterior,
- as observações são condicionalmente independentes de todas as outras observações, dado o estado que as gerou.

Para já, será assumida uma Gaussiana multivariada simples para a distribuição de saída:

$$b(y) = N(y; \mu^j, \Sigma^j)$$

em que μ^j é a média do estado s_j e Σ^j é a sua covariância. Uma vez que a dimensionalidade do vetor acústico y é relativamente elevada, as covariâncias são frequentemente obrigadas a ser diagonais.

Dado o HMM composto, Q formado pela concatenação de todos os fones de base constituintes $q^{(w_1)} \ldots , q^{(w_L)}$ então a probabilidade acústica é dada por

$$p(Y|Q) = \sum_{\theta} p(\theta, Y|Q), \quad (4.5)$$

em que $\theta = \theta_0, \ldots, \theta_{T+1}$ é uma sequência de estados através do modelo composto e

$$p(\theta, Y|Q) = a_{\theta_0\theta_1} \prod_{t=1}^{T} b_{\theta_t}(y_t) a_{\theta_t\theta_{t+1}}. \quad (4.6)$$

Os parâmetros do modelo acústico $\lambda = [\{a_{ij}\}, \{b_j()\}]$ podem ser eficientemente estimados a partir de um corpus de enunciados de treino usando o algoritmo forward-backward [127].

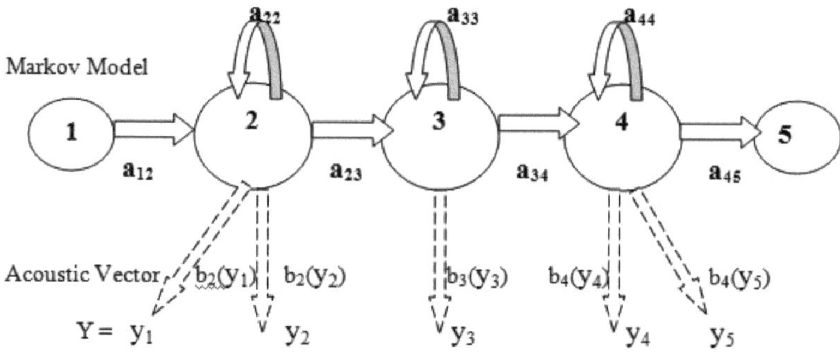

Figura 4.2: HMM baseado no telemóvel

4.1.4 Modelo linguístico

A precisão do reconhecedor de fala é grandemente melhorada tirando partido de possíveis informações a priori sobre as sequências a reconhecer. O modelo linguístico é tratado como um mecanismo de compreensão humana dos enunciados falados. Uma pessoa reconhece o significado de uma palavra mal pronunciada a partir das palavras reconhecidas e do significado de toda a frase.

Os modelos linguísticos utilizados no reconhecimento da fala podem ser classificados nos seguintes tipos [73]:

- Modelos uniformes: Nestes modelos, cada palavra tem a mesma probabilidade e a probabilidade de cada palavra é 1/|v| onde a dimensão do vocabulário.
- Modelos linguísticos de estado finito: Estes modelos baseiam-se na modificação de gramáticas livres de contexto ou na estrutura sintáctica das frases ou da linguagem de

unificação.

- Modelos estocásticos: Estes modelos baseiam-se na probabilidade conjunta de uma palavra e das palavras que a precedem.
- Outros modelos linguísticos baseiam-se em CART (árvores de classificação e regressão) e na máxima entropia.

A função de um modelo de linguagem (LM) é fornecer ao reconhecedor de fala a probabilidade a priori P (W) de uma sequência de palavras hipotética W = w_1 , w_2 , ..., w_n . Isto diz-nos se ouvimos "□□□ (cALa) / □□□ (chALa)", "□□ (phala) / □□ (bala)" ou "□□ (kala) / □□ (khala)". P(W) pode ser decomposto no produto das probabilidades das palavras que compõem a sequência de palavras W:

$$P(W) = P(w_1)P(w_2|w_1)P(w_3|w_1w_2) \dots\dots\dots P(w_n|w_1w_2 \dots\dots w_{n-1})$$
$$= \prod_{i=1}^{n} P(w_i|w_1w_2 \dots\dots w_{i-1}). \quad (4.7)$$

No entanto, estas expressões não podem conduzir a estimativas de probabilidade fiáveis, dado que as histórias de palavras arbitrariamente longas exigiriam enormes quantidades de dados de treino. Felizmente, a fórmula pode ser aproximada utilizando um modelo de N-gramas. Uma abordagem popular e eficaz é o bigrama ou trigrama LM, que assume que a probabilidade de qualquer palavra é determinada pelas sequências de palavras N anteriores. O modelo do bigrama fornece a probabilidade de uma cadeia de palavras completa W, dado um historial de uma palavra:

$$P(W) = P(w_1)P(w_2|w_1)P(w_3|w_2) \dots\dots\dots P(w_n|w_{n-1})$$
$$= \prod_{i=1}^{n} P(w_i|w_{i-1}). \quad (4.8)$$

Normalmente, a gramática linear não precisa de conter probabilidades para todos os pares de palavras possíveis, mas apenas para os N-gramas que ocorrem com maior frequência. Depois, utiliza um mecanismo de recuo para recorrer à probabilidade de um unigrama se o N-grama pretendido não for encontrado.

4.1.5 Modelo de trigrama

As probabilidades dos n-gramas podem ser estimadas aplicando o critério da máxima verosimilhança, que corresponde à frequência de ocorrência de cada sequência de n palavras no corpus de treino (textos ou transcrições de voz). O modelo de linguagem N-grama pode ser facilmente modelado através da contagem de palavras e da técnica de ordenação a partir de um corpus de textos (ou transcrições). A normalização dos textos sobre os quais são efectuadas as estatísticas é realizada com muito cuidado [128]. A vantagem da normalização é reduzir a variabilidade lexical e, por conseguinte, aumentar a cobertura lexical dos textos para um determinado tamanho de vocabulário.

As regras de normalização são normalmente específicas de cada língua. As operações de normalização típicas são a expansão de expressões numéricas, o tratamento de acrónimos, letras isoladas, capitalização e pontuação. Para os sistemas de ditado, é essencial converter os textos numa forma mais próxima da linguagem lida, tendo em conta a probabilidade das variantes estimada pela comparação dos textos de referência com algumas transcrições desses textos quando são lidos. Por exemplo, o número 150(□□□) pode ser pronunciado em Oriya como "□□ □□ □□□□ (eka shaha pacasha)" ou **"□□□ □□□□ (shahe pacasha)"** e 1/2 **(□/□)** pode ser pronunciado □□ □□□□□□ □□□ (eka bibhakta dui). O trigrama LM fornece uma probabilidade de uma sequência completa de palavras W, dado um historial de duas palavras:

$$P(W) = P(w_1)P(w_2|w_1)P(w_3|w_2w_1)\ldots\ldots\ldots P(w_n|w_{n-1}w_{n-2})$$
$$= \prod_{i=1}^{n} P(w_i|w_{i-1}w_{i-2}). \qquad (4.9)$$

A probabilidade é estimada utilizando a abordagem de frequência relativa:

$$P(w_i = w^m|w_{i-1} = w^{m'}, w_{i-2} = w^{m''}) =$$
$$= N\left(\frac{w_i = w^m|w_{i-1}=w^{m'}, w_{i-2}=w^{m''}}{w_{i-1}=w^{m'}, w_{i-2}=w^{m''}}\right). \qquad (4.10)$$

4.1.6 Representação lexical

O dicionário de pronúncia constitui a ligação entre o modelo acústico e o modelo linguístico. A elaboração de um tal dicionário exige, por um lado, a definição e a seleção das entradas do vocabulário e, por outro, a descrição de cada entrada lexical em termos de unidades acústicas elementares. O nível de desempenho do sistema de reconhecimento depende naturalmente da qualidade e da consistência das pronúncias correspondentes a cada entrada lexical [129]. Para os sistemas de reconhecimento de grandes vocabulários, a unidade acústica mais comum é o fonema. Cada língua tem um conjunto específico de fonemas. Por exemplo, o Oriya pode ser descrito por 28 fonemas consonantais e 6 fonemas vocálicos. Os dicionários de pronúncias limitam-se normalmente às pronúncias mais comuns e não representam explicitamente os alofones, uma vez que a maioria das variantes alofónicas pode ser prevista pelas regras de pronúncia. Os falantes rápidos tendem a reduzir drasticamente as sílabas átonas (ocasionalmente, não são pronunciadas de todo), especialmente em palavras longas com várias delas. Embora as palavras longas sejam geralmente fáceis de reconhecer, uma transcrição fonémica incorrecta de uma palavra longa pode causar um erro numa palavra vizinha, que, se for curta, pode até ser omitida. Para reduzir este tipo de erro, devem ser permitidas pronúncias alternativas, com a elisão de alguns fonemas em sílabas átonas. A Tabela 4.1 descreve exemplos de transcrição fonética de palavras em Oriya.

Tabela 4.1: Exemplo de transcrição fonética Oriya

/k/	□□□□	tecido
/g/	□□□	iaque
/c/	□□□□	quatro
/ch/	□□□	peixe
/t/	□□□□	noite
/th/	□□□□□	frio
/d/	□□□	fechado
/dh/	□□	riqueza
/m/	□□□	peixe
/n/	□□□	arroz
/j/	□□	água

4.1.7 Algoritmo de pesquisa

O algoritmo de pesquisa de um quadro estatístico para problemas de reconhecimento da fala consiste em escolher a cadeia de palavras mais provável W entre todas as cadeias de palavras possíveis W, dado o vetor de caraterísticas de observação Xs, o chamado máximo a posteriori (MAP) [130, 131]

$$\widehat{W} = \underset{W}{argmax}\, P(W|X_s). \tag{4.11}$$

Usando a regra de Bayes, temos:

$$\begin{aligned}\widehat{W} &= \underset{W}{argmax}\, \frac{P(X_s|W)P(W)}{P(X_S)} \\ &= \underset{W}{argmax}\, \frac{P(X_S|\lambda)P(\lambda|W)P(W)}{P(X_S)}.\end{aligned} \tag{4.12}$$

Uma vez que a probabilidade da sequência de enunciados $P(X_s)$ é constante para todas as palavras durante o reconhecimento, pode ser ignorada, resultando em

$$\widehat{W} = \underset{W}{argmax} \frac{P(X_S|\lambda)P(\lambda|W)P(W)}{P(X_S)}, \tag{4.13}$$

em que $P(W|X_s)$ é a probabilidade global posterior da cadeia de palavras W dado o vetor de caraterísticas de observação Xs,

$P(X_s|W)$ é a probabilidade global de o vetor de caraterísticas de observação Xs ter sido produzido pela cadeia de palavras W,

$P(X_s|\lambda)$ é a probabilidade de o vetor de caraterísticas de observação Xs ter sido gerado pelo modelo λ, que é fornecido por um modelo acústico,

$P(\lambda|W)$ é a probabilidade da palavra dada a sequência de subpalavras (fonemas), que é fornecida pelo léxico de pronúncia,

P(W) é a probabilidade a priori da cadeia de palavras W , que é fornecida pelo modelo linguístico, e
P (Xs) é a probabilidade da sequência Xs.

A estimativa de probabilidade a vários níveis deste quadro estatístico é descrita na Figura 4.3. A tarefa difícil para o algoritmo de pesquisa é determinar em que ponto um orador começa e termina uma expressão. Enquanto o reconhecedor permite que os utilizadores falem naturalmente (os limites das palavras não são bem conhecidos), a máquina precisa de determinar o conteúdo e utilizar métodos especiais para determinar os limites da expressão [132]. Um sistema ASR pode efetuar o reconhecimento contínuo da fala offline ou online. No reconhecimento offline, o reconhecimento é efectuado no final da sequência de palavras. No reconhecimento em linha, o sistema efectua o reconhecimento sempre que detecta uma pausa na produção da fala. Em ambos os casos, o objetivo é encontrar a sequência mais provável das palavras faladas de entre todas as sequências possíveis [133]. Foram propostas diferentes técnicas de descodificação ou algoritmos de pesquisa. A abordagem mais utilizada, no entanto, é o algoritmo de Viterbi,

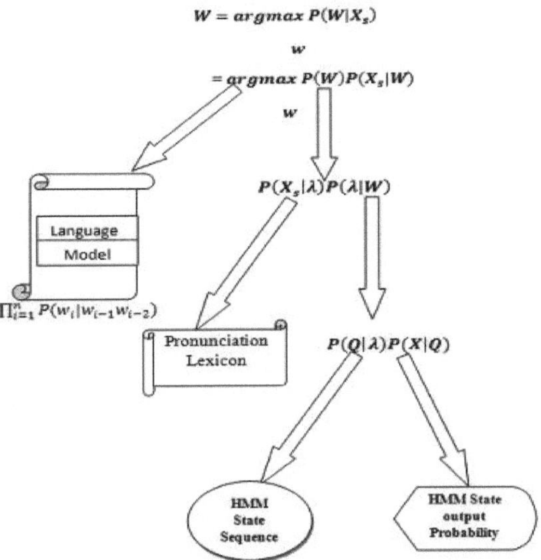

Figura 4.3: Estimativa de probabilidade multinível da ASR estatística

4.1.8 Algoritmo de Viterbi

Partindo do princípio de que o modelo começa no primeiro estado, é óbvio que o primeiro vetor de caraterísticas será atribuído a esse estado inicial. Olhando para o segundo vetor de caraterística, de acordo com a topologia do HMM, é possível que o modelo permaneça no estado 1 (ou seja, faça uma transição do estado 1 para o estado 1) ou se desloque com uma transição do estado 1 para o estado 2. É então óbvio que, a partir de ambos os pontos finais do caminho para o passo de tempo 2, o caminho pode ser alargado, de modo a calcular se o modelo efectuou uma transição do estado 1 (para o estado 1 ou para o estado 2) ou uma transição do estado 2 (para o estado 2 ou para o estado 3). Assim, para o 3.º passo de tempo, o modelo pode estar no estado 1, 2 ou 3, e todas estas opções podem ser calculadas com uma certa probabilidade, multiplicando as probabilidades obtidas para o passo de tempo 2 pelas probabilidades de transição e emissão adequadas para a ocorrência do terceiro vetor de caraterísticas. Desta forma, deve ser facilmente visível que a sequência de estados possíveis pode ser apresentada numa grelha (também designada por treliça), como mostra a Figura 4.4, que apresenta todos os caminhos possíveis que podem ser seguidos desde o estado 1 até ao estado final 3, assumindo a observação de sete vectores de caraterísticas diferentes. A linha a negrito nesta grelha mostra um caminho possível através da grelha, pelo que o caminho ótimo pode ser calculado com a ajuda do princípio da programação dinâmica, bem conhecido da teoria da otimização. O procedimento acima descreve o algoritmo de Viterbi, que pode ser considerado como um dos principais algoritmos para o reconhecimento de fala baseado em HMM [134].

Vamos supor que o HMM de 3 estados da Figura 4.4 representa um fonema. Normalmente, um sinal de fala desconhecido representará uma palavra falada ou uma frase inteira falada que será reconhecida por fonemas da língua. Isto pode ser conseguido simplesmente estendendo o algoritmo de forma a calcular a sequência mais provável de HMMs fonémicos que maximizam a probabilidade de emitir a sequência de vectores de caraterísticas observada. Isto significa que, após o estado final do HMM da Figura 4.4 ter sido atingido (assumindo uma sequência de vectores de caraterísticas bastante longa, cujo fim ainda não foi alcançado), será acrescentado outro HMM (e possivelmente mais) e o algoritmo continuará até que todos os vectores de caraterísticas sejam processados e seja obtido um estado final (representando o fim de uma palavra). Uma vez que não se sabe quais os HMM que têm de ser anexados e qual será a sequência óptima de HMM, torna-se óbvio que este procedimento implica um problema de pesquisa considerável, pelo que este processo é também designado por descodificação.

Assim, o procedimento de pesquisa de fonemas é mais um procedimento de pesquisa de palavras que será, além disso, assistido pelo chamado modelo linguístico, pelo que, finalmente, o algoritmo pode calcular a sequência de palavras mais provável e o resultado final do procedimento de reconhecimento é, então, a frase reconhecida.

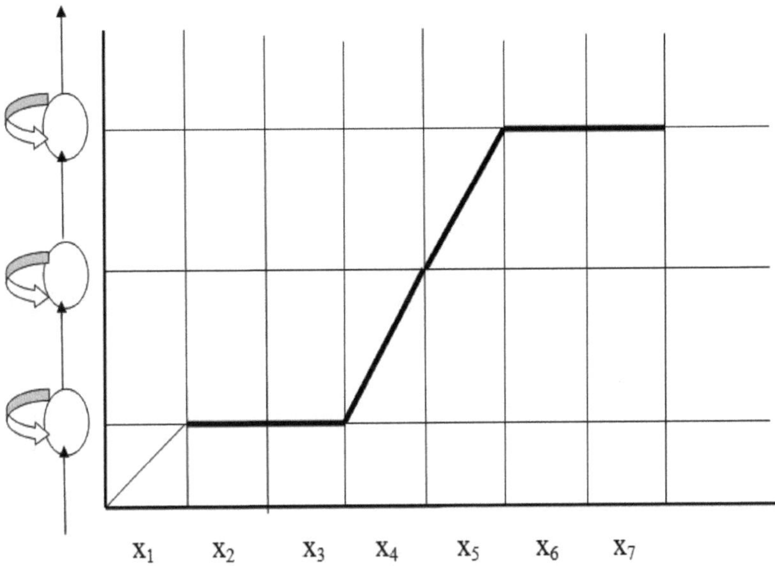

Figura 4.4: Diagrama de treliça para o algoritmo de Viterbi

Nesta tese, é também utilizado o descodificador Sphinx4. É composto por três módulos, nomeadamente o gestor de pesquisa, o linguista e o classificador acústico.

4.1.8.1 Gestor de pesquisa

O objetivo básico do gestor de pesquisa é construir e pesquisar uma árvore de possibilidades para encontrar a melhor hipótese. A construção da árvore de pesquisa é efectuada com base nas informações obtidas do linguista. O gestor de pesquisa também transmite a mensagem ao classificador acústico para obter pontuações para os dados recebidos. O gestor de pesquisa utiliza uma árvore de tokens que consiste num conjunto de tokens que fornece informações sobre a pesquisa e o histórico de todos os caminhos activos em cada pesquisa. Cada token contém as pontuações acústicas e linguísticas globais do caminho num determinado ponto. A referência HMM da frase permite ao gestor de pesquisa categorizar completamente um token para o seu senone, unidade fonética dependente do contexto, pronúncia, palavra e estado gramatical. O algoritmo de pesquisa mantém um conjunto de tokens activos na lista ativa. A lista ativa representa as pontas dos ramos de pesquisa activos. No processo de pesquisa, cada quadro de caraterísticas de entrada é pontuado em relação aos modelos acústicos associados a cada token na lista ativa e os ramos com baixa pontuação são eliminados. O gestor de pesquisa actualiza a lista ativa com base nos estados sucessores do SentenceHMM dos tokens que restam após a poda.

A pesquisa em profundidade ou em largura é utilizada para pesquisar a árvore de tokens e o SentenceHMM. A pesquisa em profundidade é efectuada utilizando o algoritmo padrão de Viterbi e o algoritmo de Bush-derby. As unidades concorrentes, como o fonema, a palavra, etc., são representadas por um grafo direcionado durante o processo de pesquisa. No algoritmo de Viterbi, cada unidade concorrente é pontuada pela probabilidade do (único) melhor caminho que a atravessa e a unidade com a pontuação máxima do melhor caminho ganha [135].

4.1.8.2 Linguista

O linguista traduz as restrições linguísticas fornecidas ao sistema numa estrutura de dados interna denominada gramática, que pode ser utilizada pelo gestor de pesquisa. As restrições linguísticas são normalmente fornecidas sob a forma de gramáticas livres de contexto, modelos linguísticos de N-gramas, máquinas de estados finitos, etc. [73,135]. A gramática é um gráfico dirigido, em que cada nó representa um conjunto de palavras que podem ser ditas num determinado momento. Os nós são ligados por arcos que têm associadas probabilidades linguísticas e acústicas que são utilizadas para prever a probabilidade de transitar de um nó para outro.

4.1.8.3 Marcador acústico

A tarefa do classificador acústico é calcular a probabilidade de saída do estado ou os valores de densidade para os vários estados, para qualquer vetor de entrada dado. O classificador acústico fornece estas pontuações a pedido do módulo de pesquisa. Para calcular estas pontuações, o classificador deve comunicar com o módulo front-end para obter as caraterísticas para as quais as pontuações devem ser calculadas [135,136]. O classificador retém todas as informações relativas às densidades de saída do estado. Assim, o módulo de pesquisa não sabe se a pontuação é efectuada com HMMs contínuos, semi-contínuos ou discretos. Quaisquer algoritmos heurísticos incorporados no procedimento de pontuação para o acelerar podem ser executados localmente no módulo de pesquisa. No entanto, quando essas heurísticas podem beneficiar de informações adicionais derivadas do módulo de pesquisa, essas informações podem ser obtidas a pedido. A natureza modular da conceção permite-nos incluir procedimentos convencionais de pontuação gaussiana.

4.2Corpus de fala para reconhecimento de fala em Oriya

O corpus de fala Oriya foi concebido por mim para este trabalho de investigação. Foi recolhido de 70 pessoas que falam Oriya (40 homens e 30 mulheres). A base de dados de fala é desenvolvida segundo dois ângulos, ou seja, para o desenvolvimento de um reconhecedor de fala isolada em Oriya e de um reconhecedor de fala contínua. O reconhecedor de fala é implementado em diferentes contextos de aplicações da língua falada Oriya. O discurso foi recolhido de falantes com idades compreendidas entre os 20 e os 55 anos. As sessões de gravação foram efectuadas em ambientes de escritório e de laboratório.

4.2.1 Ler o conteúdo

Dígito isolado

O enunciado está relacionado com dez algarismos isolados em Oriya, começando por "SUNA(zero)" até "NA(nove)".

Perguntas fechadas

As perguntas fechadas são de cinco tipos: perguntas de preenchimento de espaços em branco, perguntas dicotómicas, perguntas de escala de classificação, perguntas de escolha múltipla e perguntas de escala de classificação. Todas as respostas às perguntas fechadas são palavras isoladas por natureza. As palavras isoladas são recolhidas tendo em conta as perguntas fechadas de tipo objetivo de cinco categorias. No nosso estudo de investigação, considerámos quatro perguntas de cada tipo (categoria), com um máximo de quatro opções. Como resultado, temos 60 palavras isoladas (opções) pertencentes a um total de 20 perguntas para cinco tipos de perguntas objectivas. No nosso estudo, considerámos 30 oradores para efeitos de treino, o que resulta em 1800 palavras isoladas para treinar o sistema de reconhecimento do Oriya isolado. Os pormenores da base de dados do discurso isolado em Oriya são apresentados no Quadro 4.2.

Quadro 4.2: Pormenores das palavras isoladas

Tipos de perguntas	Número total de perguntas de cada tipo	Opções de cada pergunta	Total de palavras isoladas de cada categoria
Preencher os espaços em branco	4	1	4
Dicotómico	4	2	8
Classificação	4	4	16
Escolha múltipla	4	4	16
Escala de classificação	4	4	16

Oriya contínuo Dígito

Os dígitos contínuos foram recolhidos junto de 50 oradores, dos quais 35 do sexo masculino e 15 do sexo feminino, pertencentes a sete regiões geográficas de Odisha, que recitaram os seus números de telefone, de telemóvel, de cartão de débito e de cartão de crédito em língua Oriya. Os oradores foram recolhidos de forma a captar todas as diversidades atribuídas ao género, à idade e ao dialeto. Os erros cometidos durante a gravação foram corrigidos através de uma nova gravação ou das alterações correspondentes no conjunto de transcrições.

Frases emocionais

As frases emocionais em Odia são recolhidas para cinco emoções: Normal (neutro), Santa (calmo), Karuna (triste), Raoudra (raiva), Shringar (amor). Os falantes são pessoas com idades compreendidas entre 25 e 35 anos, nascidas e educadas (ensino superior) na parte oriental de Odisha, sem patologias manifestas. As pessoas foram previamente informadas sobre o objetivo do projeto. Os oradores são autorizados a ler frases curtas ou fragmentos de frases, com cinco estados emocionais. Os estados emocionais foram gravados numa sala de laboratório com microfone de cancelamento de ruído e computador de secretária. A monitorização manual é efectuada para avaliar se o orador pronunciou o discurso com a emoção pretendida ou não, sendo permitida uma nova gravação até se atingir a emoção pretendida. O corpus de discurso emocional desenvolvido é inicialmente utilizado para identificar a emoção dos seres humanos e o discurso neutro registado durante este trabalho é também utilizado para efeitos de reconhecimento do discurso em Oriya numa fase posterior.

Viagens e turismo Oriya Palavras isoladas

A base de dados foi concebida incorporando palavras isoladas relevantes para o sector agrícola indiano e para a indústria das viagens e do turismo. O corpus do discurso é constituído por 2100 palavras isoladas recolhidas junto de 30 falantes de Oriya com idades compreendidas entre os 21 e os 52 anos. Vinte dos 30 falantes são naturais do estado de Odisha e os restantes pertencem a diferentes partes da Índia, mas sabem falar em língua Oriya. As duas categorias diferentes de falantes foram selecionadas para fornecer informações sobre a variação dialetal à ASR durante a fase de treino.

Frases curtas

As frases curtas baseiam-se em perguntas relacionadas com o domínio do turismo e com os livros disponíveis na biblioteca da faculdade, cuidadosamente preparadas para cobrir o máximo de perguntas possíveis. As frases são gravadas em ambiente laboratorial com ruído admissível e a regravação também foi considerada durante a criação do corpus para as frases pronunciadas incorretamente.

4.2.2 Recolha de dados de voz

Seleção do orador

O processo de recrutamento dos falantes foi concebido para selecionar falantes nativos de Oriya com sotaque mogalbandi e sambalpuri, sem impedimentos da fala e que se sentissem à vontade com a ideia de ter a sua fala gravada. Pediu-se aos voluntários que lessem uma amostra de frases do inventário fonémico do Oriya, a fim de detetar os impedimentos da fala. Além disso, foi pedido aos voluntários que lessem alguns exemplos de frases, a fim de verificar se eram capazes de ler confortavelmente ao nível exigido. Isto é necessário porque algumas das palavras incluídas nas frases são palavras menos frequentemente utilizadas na língua Oriya falada.

Configuração da gravação

Durante as sessões de gravação, os dados da fala foram registados através de um microfone. Durante as sessões de gravação, os oradores voluntários estavam sentados a uma mesa com um auscultador ligado a um computador portátil e tinham de falar para o auscultador.

Hardware de gravação. Foi utilizado um computador portátil Dell Vostro 1015 para gravar o discurso através de auscultadores Logitech e Philips.

Locais de gravação. Foram utilizadas salas de escritório e laboratórios de estudantes para efetuar as gravações. O ruído exterior no ambiente de escritório era provocado pelo abrir e fechar de portas e gavetas, pessoas a falar, impressoras, telefones, etc. As gravações foram efectuadas no laboratório de estudantes, quase sempre quando este se encontrava completamente vazio. Para além destes ambientes, foram também realizadas algumas sessões de gravação em ambiente doméstico.

Sessão de gravação

Os oradores voluntários selecionados despenderam até uma hora para a sessão de gravação. Foi assegurado que o voluntário estava sentado confortavelmente ao alcance do conjunto de auscultadores a utilizar para a gravação. Os objectos que o voluntário poderia utilizar para produzir ruído involuntariamente foram retirados do alcance do voluntário, por exemplo, cadeiras que rangessem quando balançadas e canetas que pudessem produzir estalidos. O condutor da sessão e o voluntário decidiram quais os sinais manuais a utilizar para comunicar durante a gravação, por exemplo, se o condutor da sessão quisesse que o voluntário repetisse uma frase.

Software de gravação:

O software Praat foi utilizado no computador portátil para captar e gerir o discurso recebido através do microfone. O microfone foi gravado a 16000Hz, 16bit e canal mono. O ficheiro gravado é armazenado em formato .wav.

CAPÍTULO-5

RESULTADO EXPERIMENTAL PRÁTICO

O trabalho experimental desta tese é avaliado em três vertentes:

- avaliação da identificação do orador utilizando SVM,
- avaliação do reconhecimento da fala Oriya,
- Reconhecimento do discurso Oriya seguido de identificação do orador.

5.1 Avaliação da identificação do orador utilizando SVM

A base de dados do discurso para a tarefa de identificação descrita no Capítulo 3 da Secção 3.4 está dividida em duas partes: base de dados de treino e base de dados de teste. A base de dados de treino é constituída por 75% das emissões de voz de um orador individual e os restantes 25% foram utilizados como base de dados de teste. Ambas as bases de dados foram submetidas ao processo de extração de caraterísticas. Nesta tese, os GFCCs são extraídos da base de dados de identificação do orador para efeitos de treino e de teste. A Figura 5.1 mostra um exemplo de dados de treino representados em GFCC. O valor na figura indica a identidade do locutor e o restante descreve os valores GFCC que estão numerados sequencialmente.

1 1:15.1293 2:15.7980 3:17.9741 4:17.7398 5:22.6598 6:26.6554 7:27.2045 8:28.2281 9:30.1192 10:-9.5323 11:-11.2992 12:-10.1747 13:-11.3916 14:-16.9084 15:-17.1982 16:-17.4899 17:-21.7531 18:-20.5923 19:3.8402 20:5.0810 21:3.4000 22:3.4126 23:4.4398 24:2.4048 25:-2.6766 26:-5.1613 27:-3.8503 28:-6.4786 29:-3.9945 30:-5.7855 31:-7.1301 32:-7.8418 33:-5.5834 34:-6.0906 35:-2.9635 36:-0.2366 37:-1.1812 38:4.7713 39:1.8064 40:6.0830 41:12.6563 42:10.1051 43:8.6079 44:9.4709 45:13.6614 46:-4.1768 47:-2.6238 48:-7.3882 49:-7.6976 50:-3.2320 51:-5.2043 52:-11.2827 53:-15.7638 54:-7.1618 55:0.5755 56:1.1417 57:-1.5960 58:-2.7773 59:3.2133 60:-3.1038 61:-8.9570 62:-2.3924 63:1.7843 64:-0.8804 65:-1.7437 66:-3.4889 67:-2.2970 68:2.9593 69:10.3329 70:10.0460 71:4.8069 72:4.7267 73:-1.7172 74:-1.3983 75:1.0105 76:-4.0745 77:-4.4053 78:-4.0387 79:-2.4287 80:-3.7315 81:-7.3077 82:0.9055 83:4.1237 84:0.2912 85:-5.3037 86:-4.4568 87:-6.0296 88:-4.4740 89:3.6971 90:11.7563 91:-0.3668 92:4.3545 93:-1.3185 94:-1.9023 95:-5.0354 96:1.2809 97:5.3272 98:-6.3632 99:-1.9732 100:-0.9233 101:-2.2295 102:-3.1850 103:-1.6535 104:-5.9711 105:4.9686 106:1.0753 107:9.3782 108:7.3788 109:1.7483 110:-0.2986

111:-2.6278 112:3.0912 113:2.3428 114:-0.2220 115:-4.2247 116:-2.3568 117:-1.3436

2 1:22.7811 2:21.7612 3:50.8281 4:47.8177 5:20.0132 6:18.4138 7:6.8818 10:-4.0461 11:-2.6748 12:-4.3029 13:-4.3809 14:-8.8028 15:-11.9300 16:-11.4164 19:2.5083 20:4.6951 21:0.0136 22:-0.0656 23:-0.7138 24:-1.1745 25:2.3597 28:-0.6700 29:0.0053 30:-0.8789 31:-0.9494 32:-2.1105 33:-1.3494 34:1.7131 37:1.9603 38:0.6549 39:0.0108 40:-0.0525 41:3.0488 42:-0.7882 43:-4.6119 46:0.7041 47:1.0374 48:-0.3945 49:-0.4581 50:0.5270 51:2.2701 52:3.4990 55:-0.0408 56:0.3130 57:0.0989 58:0.0410 59:-2.5151 60:1.5504 61:4.0147 64:1.2033 65:1.5187 66:-0.2168 67:-0.2728 68:-0.6526 69:4.1969 70:4.8735 73:0.5928 74:-0.3386 75:0.0150 76:-0.0690 77:-0.1252 78:1.5293 79:-5.1982 82:-0.1903 83:-0.3193 84:-0.0227 85:-0.0681 86:4.5724 87:4.6783 88:3.4605 91:1.7785 92:0.9164 93:0.1633 94:0.1070 95:1.6618 96:-7.2371 97:-5.5766 100:0.7956 101:2.4513 102:0.2047 103:0.1640 104:-2.2772

Figura 5.1: Amostra de dados do comboio GFCC

5.1.1 Pré-processamento de dados

A operação de escalonamento é aplicada como operação de pré-processamento antes de aplicar o classificador SVM. Esta operação é muito importante porque evita que os atributos de intervalos numéricos maiores dominem os atributos de intervalos mais pequenos de valores numéricos. A operação de escalonamento também transfere os dados para uma representação que será mais fácil de processar pelas funções de kernel. Cada atributo dos dados de treino e de teste é escalado para o intervalo [-1, +1] para poder ser utilizado pelo classificador SVM. A figura 5.2 representa uma amostra de dados pré-processados, ou seja, uma versão à escala dos dados de treino originais.

1 1:0.0424363 2:-0.689974 3:-0.450074 4:-0.593571 5:-0.70822 6:-0.166604 7:-0.13753 8:-0.0372342 9:0.0263057 10:-0.199589 11:0.415061 12:0.512529 13:0.282007 14:-0.26802 15:-0.305957 16:-0.363243 17:-1 18:-1 19:0.201652 20:1 21:0.578562 22:0.200159 23:0.417272 24:0.18197 25:-0.0326957 26:-0.404849 27:-0.357618 28:-1 29:-0.689716 30:-0.736813 31:-0.593151 32:-0.825968 33:-0.532495 34:-0.685003 35:-0.376531 36:-0.15599 37:-1 38:1 39:0.972256 40:0.803922 41:1 42:0.759155 43:0.151618 44:0.385729 45:1 46:-0.763034 47:-0.434785 48:-1 49:-1 50:-1 51:-1 52:-1 53:-1 54:-1 55:0.364867 56:-0.136451 57:-0.0902797 58:0.080932 59:0.431033 60:-0.0454501 61:-0.804426 62:0.390176 63:0.816191 64:0.0778995 65:0.291972 66:-0.271359 67:-0.565371 68:-0.0249542 69:0.853722 70:0.886773 71:0.223247 72:0.201467 73:0.481593 74:-0.0154215 75:0.0945317 76:-0.767136 77:-0.379551 78:-0.929712 79:-0.544599 80:-1 81:-1 82:-

0.130515 83:0.695796 84:-0.509212 85:-0.745134 86:-0.763085 87:-0.629304 88:-1 89:1 90:1 91:0.190745 92:0.247749 93:-0.252877 94:0.260824 95:-0.0358684 96:1 97:1 98:-0.739282 99:-0.23919 100:0.412851 101:-1 102:0.113753 103:-0.442564 104:-1 105:1 106:0.661617 107:1 108:1 109:0.375401 110:-0.265313 111:-0.833227 112:1 113:1 114:-1 115:-1 116:-1 117:-1

2 1:0.363712 2:-0.364897 3:0.787952 4:0.568701 5:-0.8396 6:-0.467446 7:-0.883657 8:-1 9:-1 10:1 11:1 12:0.895598 13:1 14:0.67047 15:0.492933 16:0.561693 17:1 18:1 19:-0.0256502 20:0.950768 21:0.237569 22:-0.132804 23:-0.0491429 24:-0.140253 25:0.557398 26:0.320185 27:0.118542 28:-0.494713 29:-0.385979 30:-0.364782 31:-0.140036 32:-0.386534 33:-0.219593 34:-0.167216 35:-0.149712 36:-0.136682 37:-0.618597 38:0.238317 39:0.541677 40:-0.191228 41:-0.0201427 42:-0.476235 43:-0.765793 44:-0.347183 45:-0.0756034 46:0.191264 47:0.454384 48:0.0905504 49:0.172151 50:0.121487 51:0.434227 52:0.725725 53:0.577271 54:0.547912 55:0.282425 56:-0.212156 57:0.134528 58:0.394308 59:-0.0877517 60:0.611487 61:0.996349 62:0.793388 63:0.575107 64:0.437251 65:0.782234 66:0.315459 67:-0.253781 68:-0.458803 69:0.0155853 70:0.160411 71:-0.351755 72:-0.346353 73:0.809878 74:0.133958 75:-0.0263732 76:-0.156267 77:0.310031 78:0.677539 79:-1 80:-0.522731 81:-0.180742 82:-0.376801 83:-0.608437 84:-0.563009 85:0.38016 86:0.770798 87:0.977536 88:0.280884 89:-0.0609826 90:-0.554316 91:0.522219 92:-0.204103 93:-0.0628022 94:0.621123 95:1 96:-0.44965 97:-0.554577 98:0.769998 99:-0.0385611 100:0.64415 101:0.212485 102:0.755493 103:0.292448 104:-0.0178018 105:-0.314865 106:1 107:-0.105385 108:0.0943591 109:0.527891 110:0.614418 111:-0.134074 112:-0.17468 113:0.429821 114:-0.754016 115:0.236991 116:-0.171978 117:-0.411708

Figura 5.2: Amostra de dados de comboios escalonados

5.1.2 Treinar modelo utilizando SVM

A função de base radial (RBF) é utilizada como função de núcleo para transferir os dados de treino para um espaço de dimensão superior e também encontra um hiperplano de separação ótimo no espaço de dimensão superior com uma margem máxima. A Figura 5.3 mostra o modelo de treino de amostra gerado pelo núcleo RBF.

solver_type L2R_L2LOSS_SVC_DUAL
nr_class 50
etiqueta 1 2 3....
nr_feature 117
polarização -1

w

-0.02821990915031444 -0.0136123676068825 0.0310891557565131 7 -
0.0554756165746832 5 -0.0147023303250314 5 0.0488195643953266 -
0.0902250598472800 9 0.0321015237838761 6 0.0061146971304364 93 -
0.0704266908985460 6 0.0304006082538362 3 0.0204892637060569 8 -
0.0189142481959974 2 -0.0253505826137924 6 0.0696279100129346 7 -
0.0342779007898525 5 -0.0281796755725148 9 0.0473894072267542 6 -
0.0272393365036128 4 -0.0420567481822083 1 0.0531328930861229 2 -
0.0068206185849587 62 -0.0611739179703271 7 0.0476576957161487 7
0.0008231996514377281 -0.0647383124676126 4 0.0416881037262105 1

Figura 5.3: Amostra do modelo de treino baseado em SVM

5.1.3 Dados de ensaio

Os dados de teste são aplicados para identificar a voz dos oradores desconhecidos. Em primeiro lugar, a voz desconhecida é representada em GFCC e, em seguida, é reduzida para a mesma gama de dados de treino. Por fim, a expressão de teste é identificada utilizando o classificador SVM. As figuras 5.4 e 5.5 representam o valor GFCC da voz desconhecida e a versão reduzida do vetor de caraterísticas do locutor desconhecido, respetivamente.

1 1:0.778304 2:0.499563 3:0.409633 4:0.321566 5:0.274704 6:0.417682 7:0.440894 8:0.459887 9:0.452231 10:-0.421612 11:0.18364 12:0.228473 13:-0.115984 14:-0.215929 15:-0.318952 16:-0.240436 17:-0.623208 18:-0.675558 19:1.40795 20:2.5485 21:1.88121 22:1.47092 23:1.49485 24:1.52679 25:2.3415 26:2.73162 27:2.36247 28:0.285469 29:0.465046 30:0.308309 31:0.524195 32:0.145007 33:0.367789 34:-0.00130381 35:0.314505 36:0.324874 37:-0.919956 38:1.29545 39:1.09424 40:0.361745 41:-0.0169466 42:0.164896 43:-0.0132964 44:0.109083 45:0.266877 46:1.01273 47:2.99301 48:1.61076 49:1.98874 50:3.63643 51:2.0063 52:1.19839 53:1.61041 54:2.91283 55:0.962505 56:0.147779 57:-0.00650587 58:-0.0251908 59:0.218136 60:-0.25812 61:-0.378183 62:-0.0551206 63:-0.0586328 64:1.01049 65:2.07167 66:1.32041 67:0.894125 68:0.769665 69:0.383459 70:1.0389 71:0.656296 72:0.390858 73:0.719948 74:0.137088 75:-0.136347 76:-0.159668 77:-0.130276 78:0.66634 79:0.179719 80:-0.467081 81:-0.169688 82:1.81139 83:1.97722 84:-0.171845 85:1.24036 86:0.0849741 87:0.711462 88:-0.0110823 89:-0.243701 90:-0.714926 91:-1.27053 92:-0.891719 93:-0.652189 94:-0.337679 95:0.232379 96:0.415698 97:-0.550798 98:0.683092 99:0.156618 100:0.746606 101:-0.52488 102:0.782244 103:-1.01144 104:0.193666 105:-0.316372 106:0.0230976 107:-0.101661

108:0.203581 109:-0.369579 110:-0.582631 111:0.376522 112:-1.60256 113:-3.33884 114:-2.51537 115:0.0923592 116:-0.86558 117:-1.84632

2 1:1.08478 2:0.847427 3:0.688813 4:0.631239 5:0.678301 6:0.723112 7:0.744063 8:0.659776 9:0.601969 10:0.839048 11:0.96914 12:0.914589 13:0.691929 14:0.578353 15:0.593215 16:0.292078 17:-0.133466 18:-0.0895529 19:0.298928 20:0.838423 21:0.288702 22:0.162327 23:0.676806 24:0.928323 25:1.83838 26:2.17915 27:1.82086 28:-0.335583 29:-0.612624 30:-0.0319668 31:0.51841 32:0.626274 33:0.73087 34:0.523676 35:0.696382 36:0.93128 37:-0.520985 38:1.24732 39:2.28119 40:0.994274 41:-0.336798 42:-0.748256 43:-0.758617 44:-0.655394 45:-0.638993 46:0.55647 47:2.17674 48:1.37351 49:-0.725724 50:-1.83042 51:-0.614579 52:0.0302609 53:0.605437 54:1.09322 55:0.653633 56:-0.587236 57:-0.687519 58:0.55337 59:0.497507 60:1.21507 61:1.57587 62:2.07634 63:1.44567 64:-1.58439 65:-0.600881 66:-1.42586 67:-0.979742 68:-0.250317 69:-1.19892 70:-1.2875 71:-0.734132 72:-0.105213 73:1.40698 74:0.268114 75:0.90273 76:0.494239 77:0.0322227 78:-0.610686 79:-0.258006 80:0.129597 81:0.350217 82:-1.15533 83:-1.15966 84:-1.12244 85:-0.976873 86:-0.724794 87:-0.163199 88:-0.0434495 89:1.14426 90:-0.481414 91:0.585522 92:0.165911 93:0.151118 94:0.985834 95:1.15034 96:1.25462 97:0.505218 98:1.19585 99:-0.318427 100:0.510691 101:-0.245124 102:0.498206 103:-0.202305 104:0.0588032 105:-0.716056 106:0.353995 107:-0.246838 108:0.00964701 109:-1.37878 110:-2.96097 111:-1.62589 112:-2.26145 113:-5.23773 114:-3.58915 115:-0.528078 116:0.617503 117:1.61198

Figura 5.4: Amostra de dados de ensaio GFCC

5.1.4 Dados de teste escalonados

Após a extração dos valores GFCCs do discurso de um orador desconhecido, estes são escalados para o mesmo intervalo que a versão escalada dos dados de treino.

1 1:-1 2:-0.629582 3:-0.483223 4:-0.797322 5:-0.853842 6:-1 7:-1 8:-1 9:-1 10:-1 11:-1 12:-1 13:-1 14:-1 15:-1 16:-1 17:-1 18:-1 19:1 20:1 21:1 22:1 23:1 24:1 25:1 26:1 27:1 28:1 29:1 30:1 31:1 32:0.126479 33:0.419301 34:0.256245 35:0.52242 36:0.293022 37:0.428069 38:1 39:0.473602 40:0.653339 41:1 42:1 43:1 44:1 45:1 46:0.945153 47:1 48:1 49:1 50:1 51:1 52:1 53:1 54:1 55:1 56:1 57:1 58:-1 59:-0.526486 60:-1 61:-1 62:-1 63:-1 64:1 65:1 66:1 67:1 68:1 69:0.582985 70:1 71:1 72:0.0166142 73:-1 74:-1 75:-1 76:-1 77:-1 78:0.0317886 79:-0.518146 80:-1 81:-1 82:1 83:1 84:1 85:1 86:1 87:1 88:1 89:-1 90:-1 91:-1 92:-1 93:-1 94:-1 95:-1 96:-1 97:-1 98:-1 99:0.601405 100:1 101:0.771298 102:1 103:-1 104:1 105:1 106:-1 107:0.144969 108:1 109:0.51161 110:0.679833 111:1 112:-0.3445 113:-0.159059 114:-0.223142 115:0.570705 116:-1 117:-1

2 1:1 2:1 3:1 4:1 5:1 6:1 7:1 8:1 9:1 10:0.568374 11:0.365035 12:0.173622 13:-0.166157 14:-0.284135 15:-0.39854 16:-0.629667 17:-0.373915 18:-0.329697 19:-1 20:-1 21:-1 22:-1 23:-0.672987 24:0.0435571 25:0.32243 26:0.400354 27:0.541996 28:-1 29:-1 30:-0.246507 31:0.980312 32:1 33:1 34:1 35:1 36:1 37:1 38:0.972304 39:1 40:1 41:0.706645 42:0.315253 43:0.0932539 44:0.186297 45:-0.136754 46:-1 47:0.119858 48:0.650182 49:-1 50:-1 51:-0.965393 52:-0.759041 53:-0.396663 54:0.112768 55:-1 56:-1 57:-0.760708 58:1 59:1 60:1 61:1 62:1 63:1 64:-1 65:-1 66:-1 67:-1 68:-1 69:-1 70:-1 71:-1 72:-1 73:1 74:-0.0900636 75:1 76:1 77:-0.72226 78:-1 79:-1 80:0.105304 81:0.12048 82:-1 83:-1 84:-0.369903 85:-1 86:-1 87:-1 88:0.893747 89:1 90:0.213424 91:0.632552 92:1 93:1 94:0.802154 95:0.534022 96:0.62472 97:0.845244 98:0.721315 99:-1 100:0.361149 101:1 102:0.290622 103:0.307627 104:0.640182 105:0.238466 106:0.884716 107:-1 108:-1 109:-1 110:-1 111:-1 112:-1 113:-1 114:-1 115:-1 116:1 117:1

Figura 5.5: Amostra de dados de ensaio à escala

A Tabela 5.1 mostra o resultado da identificação do altifalante do classificador SVM utilizando a função de núcleo RBF.

Tabela 5.1: Resultado da tarefa de identificação do orador utilizando SVM

Id do orador	Total da amostra	N.º de aceitação correta	N.º de falsas aceitações	Taxa de exatidão
1	10	7	3	70
2	10	8	2	80
3	10	7	3	70
4	10	6	4	60
5	10	9	1	90
6	10	7	3	70
7	10	5	5	50
8	10	8	2	80
9	10	7	3	70
10	10	6	4	60

A avaliação média do desempenho da identificação do orador do SVM é de 70%.

5.2Identificação do locutor usando DTW para a língua Oriya

A distorção dinâmica do tempo é uma das técnicas proeminentes para realizar a tarefa de identificação do locutor. A DTW é uma técnica de correspondência de minimização de custos, na qual um sinal de teste é esticado ou comprimido de acordo com um modelo de referência. O Dynamic Time Warping (DTW) é utilizado para calcular a distância entre a matriz de caraterísticas do sinal de entrada e os padrões de referência. O padrão correspondente à distância mínima é tratado como o altifalante identificado. A frequência fundamental e os primeiros quatro formantes são utilizados como vectores de caraterísticas na tarefa de identificação do locutor. Os pormenores experimentais completos podem ser consultados no nosso trabalho de investigação. A Tabela 5.2 mostra a taxa de precisão devido à incorporação do filtro de Wiener adaptativo e iterativo como bloco de pré-processamento na tarefa de identificação do locutor.

Tabela 5.2: Taxa de exatidão para a identificação do orador utilizando DTW para a língua Oriya

Tipo de discurso	Verdadeira Aceitação em %	Falsa aceitação em %
Antes do melhoramento da fala	60	40
Depois do discurso Melhoria	64	36

5.3Avaliação do reconhecimento de fala em Oriya

O sistema de reconhecimento da fala em Oriya é implementado utilizando várias técnicas de reconhecimento de padrões, nomeadamente a deformação dinâmica do tempo (DTW), a rede neural artificial (ANN), a máquina de vectores de apoio (SVM) e o HMM. Mas o reconhecedor de voz Oriya baseado em HMM é mais importante para o desenvolvimento do reconhecimento de palavras Oriya faladas isoladas e contínuas. O motor de reconhecimento da fala para a língua Oriya é avaliado utilizando diferentes domínios de corpus de fala relacionados com o reconhecimento de dígitos (isolados e contínuos), o sector agrícola, o domínio das viagens e do turismo, etc.

A amostra de palavras isoladas relevantes para o sector das viagens e do turismo é apresentada na Figura 5.6.

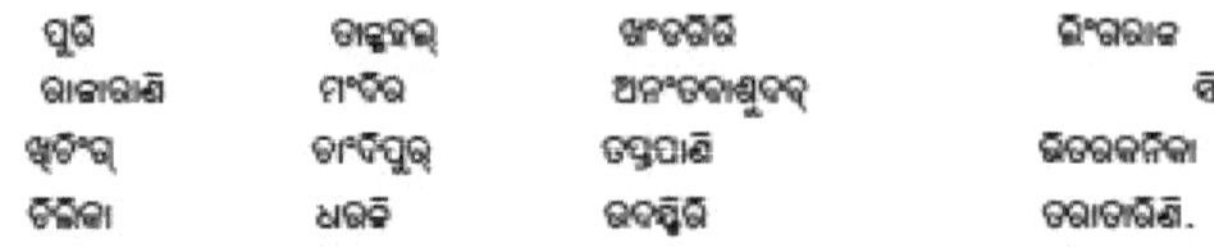

ପୁରୀ ତାଳ୍ଚର୍ ଖଣ୍ଡଗିରି ଲିଙ୍ଗରାଜ
ରାଜାରାଣୀ ମନ୍ଦିର ଅନନ୍ତବାସୁଦେବ୍ ସିମିଳିପାଳ
ଖିଚିଂଗ୍ ଚାନ୍ଦିପୁର୍ ତପ୍ତପାଣି ଭିତରକନିକା
ଚିଲିକା ଧଉଳି ଉଦୟଗିରି ତରାତାରିଣୀ.

Figura 5.6: Amostra de palavras isoladas no sector das viagens e turismo

A lista de palavras isoladas em Oriya do sector agrícola utilizadas neste trabalho de investigação é apresentada na Figura 5.7.

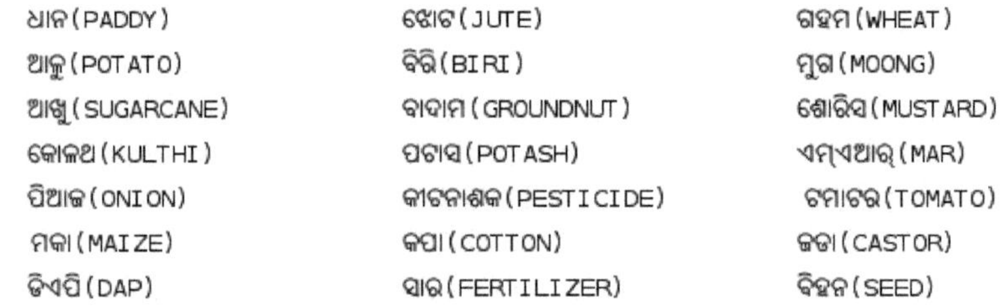

ଧାନ (PADDY) ଝୋଟ (JUTE) ଗହମ (WHEAT)
ଆଳୁ (POTATO) ବିରି (BIRI) ମୁଗ (MOONG)
ଆଖୁ (SUGARCANE) ବାଦାମ (GROUNDNUT) ଶୋରିଷ (MUSTARD)
କୋଳଥ (KULTHI) ପଟାଷ (POTASH) ଏମ୍ଏଆର୍ (MAR)
ପିଆଜ (ONION) କୀଟନାଶକ (PESTICIDE) ଟମାଟର (TOMATO)
ମକା (MAIZE) କପା (COTTON) ଜଡା (CASTOR)
ଡିଏପି (DAP) ସାର (FERTILIZER) ବିହନ (SEED)

Figura 5.7: Lista de palavras isoladas em Oriya do sector agrícola.

5.3.1 HMM como ferramenta de reconhecimento de fala

5.3.1.1 Ficheiro de transcrição

Um ficheiro de transcrição contém a versão de texto dos ficheiros áudio presentes no corpus de fala para a ASR Oriya. É feito manualmente, analisando o conteúdo do corpus de fala, e o ruído e o silêncio também são representados na transcrição. A Figura 5.8 mostra exemplos de entradas do ficheiro de transcrição.

<s> ଧାନ </s>(buluedhana)
<s> ମୁଗ </s>(bulumoong)
<s> ପଟାସ </s>(bulupatas)
<s> କୀଟନାଶକ </s>(bulukit)
<s> ସାର </s>(bulusara)
<s> କପା </s>(bulukapa)

<s> ପୁରି </s>
<s> ତାଜ୍ମହଲ୍ </s>
<s> ଲିଂଗରାଜ </s>
<s> ସିମିଳିପାଳ </s>

<s> ଲିଂଗରାଜ ମଂଦିର କଣ ପାଇଁ ପରିଚିତ </s>
<s> ତାଜମହଲ୍ ବିଷୟେର ଜାଣିବାକୁ ଚାହୁଁ </s>
<s> ମା ତାରିଣି ମଂଦିର </s>
<s> ପୁରି ଓଡିଶାର ରାଜଧାନିରୁ ଦୂର କେତେ </s>

Figura 5.8: Exemplo de entradas do ficheiro de transcrição

5.3.1.2 *Dicionário*

O dicionário contém todos os eventos acústicos e tem todas as palavras nas transcrições. É criado um dicionário baseado no telefone, em que cada palavra é mapeada para a sua cadeia de telefones, analisando a pronúncia da palavra. A variabilidade da pronúncia de palavras Oriya únicas de várias formas também é considerada no dicionário. As palavras são selecionadas de diferentes domínios, como os domínios do sector agrícola, tais como nomes de sementes, nomes de fertilizantes e pesticidas, etc. O exemplo de dicionário que utilizámos é apresentado na Figura 5.9.

Figura 5.9: Exemplos de entradas do dicionário

5.3.1.3 Ficheiros de fonemas

Contém o telefone de base sugerido que aparece no dicionário. O ficheiro tem um fone em cada linha e a duplicação de fones é proibida. O ficheiro de fonemas deve conter exatamente o mesmo número de fones que se encontra no dicionário, porque o SPHINX-4 não permite fones diferentes dos listados no dicionário. A Figura 5.10 mostra um exemplo de ficheiro de fonemas.

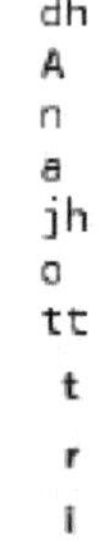

Figura 5.10: Exemplo de entradas do ficheiro do telefone

O desempenho do sistema é medido em termos de precisão das palavras e da taxa de precisão das frases, que são calculadas da seguinte forma

$$word\ Accuracy = \frac{N-D-S-I}{N} * 100 \quad (5.1)$$

em que N,D,S,I representa o número total de palavras nos dados de teste, o número de erros de substituição e de supressão e os erros de inserção, respetivamente.

A precisão das frases é definida como cem vezes o rácio entre o número de frases em que todas as palavras são corretamente reconhecidas e o número total de frases no conjunto de testes

$$Sentence\ Accuracy = \frac{Number\ of\ sentence\ recognized\ correctly}{Number\ of\ sentence\ in\ test\ suit} * 100. \quad (5.2)$$

A exatidão da ASR em Oriya é medida em termos de exatidão das palavras e de taxa de erro das palavras, que são apresentadas no quadro 5.3 e no quadro 5.4. Na primeira etapa, o desempenho da ASR em Oriya é medido permitindo que os utilizadores conhecidos (que participaram na fase de formação) e os utilizadores não conhecidos (novos utilizadores) falem palavras isoladas em Oriya relacionadas com o sector agrícola indiano. No total, dez utilizadores (cinco antigos e cinco novos utilizadores) participaram na avaliação do desempenho da ASR em Oriya.

Tabela 5.3: Taxa de precisão das palavras e taxa de erro das palavras para utilizadores conhecidos

Número do altifalante	N.º de palavras ditas	N.º de palavras corretamente reconhecidas	Precisão das palavras (%)	Palavra Taxa de erro (%)
Orador 1	25	22	88	12
Orador 2	20	18	90	10
Orador 3	22	19	86.37	13.63
Orador 4	15	13	86.67	13.33
Orador 5	12	10	83.33	16.67

Tabela 5.4: Taxa de precisão das palavras e taxa de erro das palavras para novos utilizadores

Número do altifalante	N.º de palavras ditas	N.º de palavras corretamente reconhecidas	Precisão das palavras (%)	Palavra Taxa de erro (%)
Orador 1	20	15	75	25
Orador 2	10	7	70	30
Orador 3	17	14	82.35	17.65
Orador 4	12	9	75	25
Orador 5	15	11	73.33	26.67

No quadro 5.3, a taxa média de exatidão das palavras e a taxa de erro das palavras para os utilizadores conhecidos é de 86,87 % e 13,13 %, respetivamente. O quadro 5.4 mostra que a taxa média de exatidão das palavras e a taxa de erro das palavras para os novos utilizadores é de 75,13 % e 24,87 %, respetivamente.

O desempenho da ASR Oriya é avaliado do ponto de vista da taxa de exatidão das frases. A precisão das frases é medida utilizando bases de dados do sector do turismo e de dígitos contínuos. A Tabela 5.5 e a Tabela 5.6 representam a taxa de exatidão da ASR em Oriya contínuo.

Tabela 5.5: Precisão da ASR contínua em Odia no sector do turismo

Tipo de utilizadores	Exatidão das frases
Utilizadores antigos	71.22
Novos utilizadores	67.41

Tabela 5.6: Reconhecimento de dígitos Oriya contínuos utilizando o modelo Bakis de HMM

Tipos de dados	Precisão da palavra (%)	Precisão das frases (%)
Dados vistos	94.72	73. 54
Dados não vistos	78.23	57.83

5.3.2 Estudo experimental comparativo do reconhecedor de fala Oriya

Esta secção trata do estudo comparativo do reconhecedor de fala Oriya isolada desenvolvido por diferentes técnicas de reconhecimento de padrões, nomeadamente SVM, BPFFNN e DTW, etc. A avaliação do desempenho das ferramentas de reconhecimento da fala foi efectuada utilizando palavras isoladas em Oriya relacionadas com a indústria indiana das viagens e do turismo. Apliquei o pré-processamento incorporando uma FFT de tempo curto com uma largura de quadro de 25 ms e uma deslocação de quadro de 10 ms, seguida de uma análise cepstral. O vetor de caraterísticas resultante é constituído por 40 componentes que são a combinação da energia dos fotogramas, dos coeficientes cepstrais, dos coeficientes de regressão de primeira ordem (delta) e de segunda ordem (delta-delta). O vetor de caraterísticas gerado é utilizado para treinar e testar as ferramentas de reconhecimento da fala Oriya. A avaliação do desempenho é efectuada em termos de precisão das palavras e de taxa de erro das palavras. Todas as experiências são efectuadas com bases de dados de fala criadas pelo próprio utilizador.

5.3.2.1 SVM como ferramenta de reconhecimento de fala

A SVM foi treinada sobre as palavras isoladas da língua Oriya. O núcleo RBF foi utilizado para testar o desempenho do reconhecedor de fala baseado em SVM. A exatidão e a taxa de erro das palavras são determinadas tendo em conta cinco utilizadores observados que participaram na fase de treino, bem como outro grupo constituído por cinco utilizadores não observados que são completamente novos para o reconhecedor de fala. Tabela 5.7 Precisão e taxa de erro das palavras utilizando o reconhecedor de fala SVM.

Tabela 5.7: Exatidão das palavras e taxa de erro utilizando o reconhecedor de fala SVM

Tipos de utilizadores	Nº de palavras ditas	N.º de palavras corretamente reconhecidas (%)	Precisão da palavra (%)	Erro de palavra (%)
Cinco Visto Utilizadores	125(30+35+25+20+ 15)	112(28+31+23+ 18+ 12)	89.6	10.4
Cinco Invisível Utilizadores	125(40+25+15+ 30+ 25)	99(31+19+13+2 2+14)	79.2	20.8

5.3.2.2 BPFFNN como ferramenta de reconhecimento de fala

O reconhecedor de voz baseado em palavras isoladas em Oriya para a recuperação de informações no sector das viagens e do turismo na Índia é desenvolvido utilizando um vetor de caraterísticas como o MFCC e um classificador de padrões como o FFBPNN. O utilizador final tem de pronunciar uma palavra isolada que represente um estado turístico da Índia em relação ao qual esteja interessado em obter informações importantes relacionadas com o local pretendido. A ASR Oriya baseada em palavras-chave toma o discurso isolado como entrada e converte o sinal acústico em quarenta vectores de caraterísticas. Neste trabalho de investigação, utilizámos a técnica da ontologia na FFBPNN para aumentar a fiabilidade da decisão durante o processo de classificação. Por conseguinte, a solução proposta consiste em aplicar a FFBPNN com uma abordagem baseada no conhecimento denominada ontologia. A ontologia especifica uma concetualização de um domínio em termos de conceitos e das suas relações. A ontologia é reconhecida como uma infraestrutura fundamental para abordagens à engenharia do conhecimento. A ontologia não só reduz o tempo de pesquisa como também é muito útil para eliminar a ambiguidade no domínio da recuperação da informação. O conhecimento do domínio do turismo indiano é representado em termos de uma ontologia de estrutura em árvore. A raiz da árvore assume-se como o turismo indiano e os nós internos como os diferentes estados da Índia. Os nós do nível seguinte representam os distritos/quartos principais como localização turística do Estado correspondente.

.

Tabela 5.8: Precisão de palavras e taxa de erro usando o reconhecedor de fala OFFBPNN

Tipos de utilizadores	Nº de palavras ditas	N.º de palavras corretamente reconhecidas (%)	Precisão da palavra (%)	Erro de palavra (%)
Cinco Visto Utilizadores	125(30+35+25+20+ 15)	98(22+31+20+1 6 +9)	78.4	21.6
Cinco Invisível Utilizadores	125(40+25+15+ 3 0+25)	87(28+13+11+2 1 +14)	69.6	30.4

5.3.2.3 *DTW como ferramenta de reconhecimento de fala*

O algoritmo Dynamic Time Warping (DTW) foi utilizado basicamente para fazer a correspondência de modelos, em que os vectores de caraterísticas da palavra proferida no teste são combinados com modelos que representam as palavras do vocabulário. O algoritmo DTW ajuda a resolver a discrepância de duração entre a expressão de teste e a duração dos modelos, utilizando a normalização não linear através do cálculo da distância mínima local e da matriz de distância cumulativa utilizando a Equação 2.13. A palavra correspondente ao modelo que dá a menor distância é escolhida como a identidade da palavra de teste. O desempenho do sistema de reconhecimento de fala baseado na DTW foi avaliado utilizando 40 componentes da caraterística resultante em cinco utilizadores vistos e não vistos. A exatidão e a taxa de erro das palavras são apresentadas na Tabela 5.9.

Tabela 5.9: Precisão de palavras e taxa de erro usando o reconhecedor de fala DTW

Tipos de utilizadores	Nº de palavras ditas	N.º de palavras corretamente reconhecidas (%)	Precisão da palavra (%)	Erro de palavra (%)
Cinco Visto Utilizadores	125(30+35+25+ 20+15)	96(23+29+18+1 5+11)	76.8	23.2

Cinco utilizadores vistos	125(40+25+15+30+25)	125(40+25+15+3+12)	73.6	26.4

5.4Reconhecimento de fala em Oriya seguido de identificação

A taxa de precisão da identificação do orador é melhorada utilizando a metodologia de reconhecimento de voz na tarefa de identificação. O ficheiro áudio falado pelo utilizador é primeiro transcrito pelo ASR, que converte a entrada falada em palavras. O texto transcrito é depois utilizado para encontrar as correspondências mais próximas a partir da base de dados que contém os dados textuais dos ficheiros áudio utilizados durante a fase de treino da identificação do orador. Finalmente, os modelos de referência correspondentes às correspondências mais próximas são utilizados pelo classificador SVM para encontrar a identidade do orador. O desempenho da identificação do orador é medido incorporando a técnica de reconhecimento da fala e sem a técnica de reconhecimento da fala. O resultado é apresentado na Tabela 5.10.

Tabela 5.10: Análise comparativa da identificação do orador

Categoria	Verdadeira aceitação	Falsa aceitação
SID utilizando apenas SVM	70	30
reconhecimento de voz + identificação (SVM)	75	25

5.5Filtro de Wiener aditivo e iterativo como operação de pré-processamento na identificação e reconhecimento de fala para a língua Oriya

O filtro de Wiener aditivo e iterativo é utilizado como operação de pré-processamento em trabalhos de investigação sobre o processamento da fala em Oriya, tais como o reconhecedor de fala isolada em Oriya baseado no modelo de Markov, o reconhecimento contínuo de dígitos em Oriya utilizando o modelo de Bakis de HMM e a tarefa de identificação do locutor para a língua Oriya. Ao aplicar todas estas aplicações, verifica-se que o filtro de Wiener aditivo e iterativo desempenha um papel importante no aumento da taxa de precisão, necessária para a implementação de aplicações de processamento da fala nas actividades quotidianas. Como resultado, a taxa de precisão das aplicações de processamento do discurso em língua Oriya aumentou de 3 % para 8 % devido à incorporação do filtro de Wiener aditivo e iterativo.

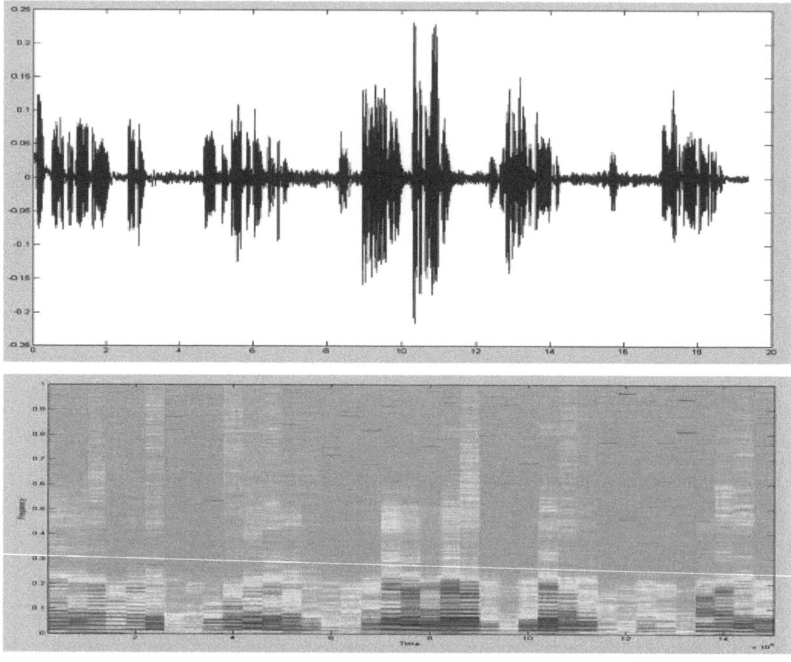

Figura 5.11: Forma de onda da fala e espetrograma com ruído de fundo de voz masculina

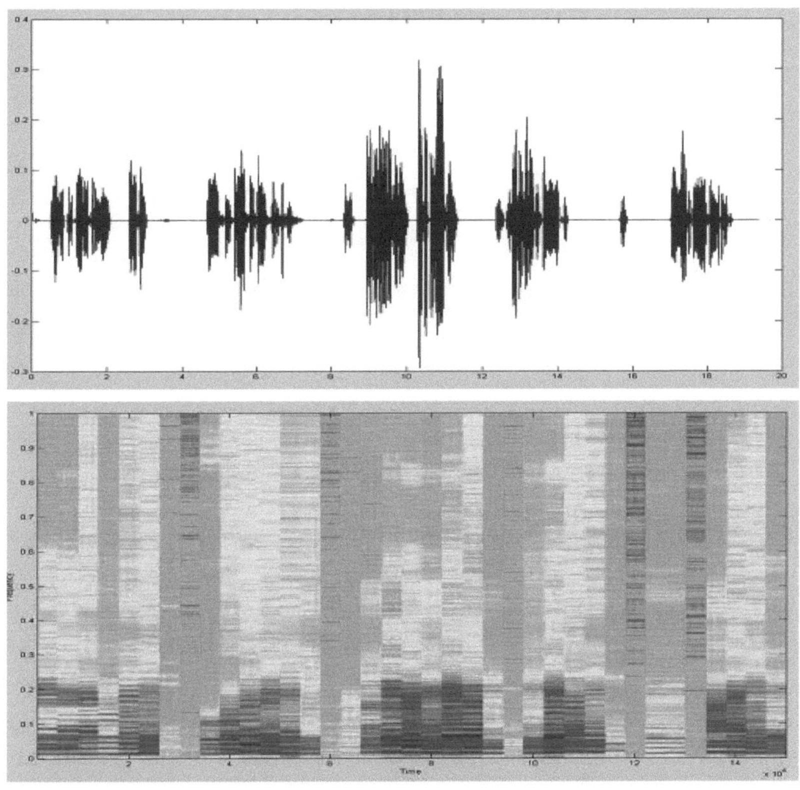

Figura 5.12: Forma de onda e espetrograma melhorados proferidos por um locutor masculino através de um filtro de Wiener aditivo e iterativo

CAPÍTULO-6

CONCLUSÕES E INVESTIGAÇÃO FUTURA

6.1 Resumo da investigação e conclusões

Esta tese baseia-se na metodologia da engenharia da linguagem falada para desenvolver um reconhecedor de voz eficiente em língua Oriya, bem como para identificar os oradores com maior precisão. Os seres humanos são muito inteligentes para compreender a linguagem falada e identificar a voz dos oradores mesmo em situações adversas. Por isso, a incorporação das capacidades naturais dos seres humanos na investigação sobre a língua falada tende a alcançar resultados de sucesso espantosos. Nesta tese, o trabalho centrou-se nos seguintes factores

6.1.1 Criação de uma base de dados para identificação de oradores e reconhecimento de voz

A base de dados original utilizada nesta tese foi desenvolvida por mim para aplicações de processamento do discurso em Oriya. A base de dados utilizada para a identificação do orador consiste em frases faladas em Oriya por 80 oradores de ambos os sexos. Esta base de dados foi registada por falantes de Oriya com idades compreendidas entre os 18 e os 50 anos. Para gravar as vozes dos oradores em língua Oriya, foram utilizadas frases de passagem dependentes do utilizador, frases solicitadas e frases de passagem únicas. Todas as vozes foram gravadas com uma taxa de amostragem de 16000Hz, quantização de 16bit e canal mono. O ficheiro gravado é armazenado em formato wav. Três quartos da base de dados de identificação de oradores foram utilizados para treinar e os restantes um quarto dos ficheiros de voz foram utilizados para testar a identificação dos oradores.

O corpus de reconhecimento da fala em Oriya foi recolhido de 70 pessoas que falam Oriya (40 homens e 30 mulheres). A maioria dos falantes tinha sotaque de Mogalbandi e poucos tinham sotaque de Sambalpuri. Estas duas variantes de sotaque foram utilizadas para lidar com a variabilidade do discurso da língua Oriya falada. Todos os falantes eram falantes nativos de Oriya, sem impedimentos de fala e à vontade com a ideia de ter o seu discurso gravado.

A base de dados de reconhecimento da fala foi desenvolvida com base em dois ângulos, ou seja, para o desenvolvimento do reconhecedor de fala isolada Oriya e do reconhecedor de fala contínua. O reconhecedor de fala é implementado em diferentes contextos de aplicações da língua falada em Oriya. O conteúdo do corpus de fala em Oriya era constituído por dígitos Oriya isolados, dígitos Oriya contínuos, perguntas fechadas, frases curtas no domínio do turismo e da biblioteca universitária, palavras Oriya isoladas relacionadas com o sector agrícola indiano e o domínio das viagens e do turismo. O discurso foi recolhido de oradores com idades compreendidas entre os 20 e os 55 anos. A base de dados do discurso destinada ao reconhecimento do discurso em Oriya foi gravada com uma taxa de amostragem de 16000 Hz, com uma taxa de quantização de 16 bits e um canal mono. Todos os ficheiros de fala foram guardados em formato wav.

6.1.2 Seleção de caraterísticas

A seleção de caraterísticas é uma parte crucial de qualquer sistema baseado na linguagem falada. Durante este trabalho, a frequência fundamental, as primeiras doze frequências de formantes, o jitter, o shimmer, os coeficientes cepstrais de frequência mel e os coeficientes cepstrais de frequência gammatone foram extraídos e comparados com várias técnicas de reconhecimento de padrões múltiplos: DTW, ANN, SVM, HMM. Finalmente, os CCFG foram escolhidos como vectores de caraterísticas para a tarefa de identificação do locutor, uma vez que se verificou que os CCFG têm um desempenho comparativamente melhor do que outras caraterísticas em condições de ruído. Mas os coeficientes cepstrais de mel-frequência e as suas variantes, nomeadamente as acelerações delta e delta-delta, foram utilizados durante o reconhecimento da fala em Oriya, o que está de acordo com as caraterísticas sugeridas e habitualmente utilizadas no reconhecimento da fala. Outra questão fundamental na investigação da linguagem falada é a dimensão das caraterísticas. Neste trabalho de investigação, foram utilizados MFCCs de 40 dimensões durante o reconhecimento da fala em Oriya.

6.1.3 Melhoria do desempenho

O desempenho do sistema de processamento da fala é drasticamente reduzido na presença de ruído ambiental. O melhoramento da fala é uma abordagem comum para lidar com os efeitos da degradação devida ao ruído e à contaminação do canal. Esta abordagem tem por objetivo suprimir os sinais indesejados e recuperar a fala limpa, o que aumenta a robustez dos sistemas. Nesta tese, foi utilizado um filtro de Wiener adaptativo e iterativo, tendo em conta as estatísticas da fala, ou seja, a média e a variância, como bloco de pré-processamento antes da fase de extração de caraterísticas. O filtro de Wiener adaptativo e iterativo proposto é utilizado como operação de pré-processamento na tarefa de identificação do locutor utilizando o SVM e o reconhecedor de fala Oriya baseado no modelo de Markov. A partir deste trabalho de investigação, verifica-se que o filtro de Wiener adaptativo e iterativo aumenta em grande medida a precisão. A taxa de precisão da identificação do orador e do reconhecedor de fala Oriya baseado no modelo de Markov aumentou de 3% para 8%, respetivamente.

6.1.4 Algoritmos de reconhecimento de padrões

São utilizados inúmeros algoritmos de reconhecimento de padrões no desenvolvimento de sistemas de linguagem falada. Neste trabalho de investigação, o algoritmo de reconhecimento de padrões SVM foi incorporado para identificar os oradores. Verificou-se também que o SVM tem um desempenho superior na identificação dos oradores em comparação com o algoritmo DTW. A máquina de vectores de apoio (SVM) tem uma base matemática sólida para resolver numerosas aplicações no mundo real. As funções de núcleo são frequentemente utilizadas para transformar os dados de entrada num espaço de caraterísticas de elevada dimensão, no qual os dados de entrada se tornam mais separáveis em comparação com o espaço de entrada original. É então criado um hiperplano de margem máxima.

Ao contrário dos métodos tradicionais de reconhecimento de padrões (por exemplo, redes neurais), que minimizam o erro empírico de treinamento, os SVMs têm como objetivo minimizar um limite superior do erro de generalização através da maximização da margem entre o hiperplano de separação e os dados. Como o SVM é conhecido por generalizar bem mesmo em espaços de alta dimensão sob condições de pequenas amostras de treinamento, ele tem se mostrado superior ao princípio tradicional de minimização de risco empírico empregado pela maioria das redes neurais. Nesta tese de doutoramento, a RBF foi utilizada como função kernel na tarefa de identificação de oradores.

No entanto, o reconhecedor de fala Oriya foi desenvolvido utilizando modelos de Markov ocultos, em que a probabilidade de estar num determinado estado depende apenas do estado imediatamente anterior. O modelo de Markov oculto (HMM) é um processo probabilístico, que modela os enunciados falados como os resultados de máquinas de estados finitos (FSM). Nesta tese, foi utilizado o modelo de HMM de Bakis, que permite que os estados transitem para si próprios ou para estados sucessivos, mas restringe a transição para estados anteriores. Neste trabalho, foram utilizados três estados emissores de HMM, tendo os estados de entrada e de saída do HMM sido definidos como não emissores, a fim de simplificar o processo de concatenação dos modelos telefónicos para formar as palavras e frases legítimas em língua

Oriya. O modelo de língua também ajuda a reduzir o espaço de pesquisa para a combinação válida de palavras. O modelo Trigrama foi utilizado neste trabalho de investigação porque a maioria das palavras tem uma forte dependência das duas palavras anteriores e foi estimado a partir de um corpus.

Um modelo linguístico auxilia o processo de reconhecimento, tendo em consideração várias restrições semânticas e sintácticas. Foi criado um dicionário baseado em fones que descreve as palavras válidas da língua Oriya. Cada palavra foi mapeada para a sua cadeia de telefones, tendo em conta a pronúncia da palavra. O dicionário também trata da variabilidade da pronúncia de uma única palavra em Oriya de várias formas.

O desenvolvimento do reconhecedor de fala Oriya também foi investigado utilizando outros algoritmos de reconhecimento de padrões, nomeadamente o DTW e o BPFFNN baseado em ontologias. Mas o reconhecedor de fala Oriya baseado em HMM produziu resultados bastante bons em relação ao DTW e ao OBPFFNN. No entanto, a precisão das palavras do algoritmo DTW para utilizadores não vistos foi superior à do OFFBPNN.

6.2Investigação futura

Diz-se que para cada fim há também um começo. Na presente tese, os coeficientes cepstrais de frequência de tons gama foram utilizados na tarefa de identificação de falantes. A informação prosódica, a informação linguística e as caraterísticas lexicais dos falantes serão incluídas em trabalhos futuros para melhorar a taxa de precisão da tarefa de identificação de falantes.

Devido à falta de disponibilidade de vozes de imitação, o trabalho de investigação atual não se centra no seu desempenho face às vozes de disfarce. Assim, o trabalho será alargado no futuro para lidar com o problema do mimetismo durante a identificação do orador.

A vantagem do classificador GMM é a geração de bons modelos durante a fase de treino e o SVM tem um elevado desempenho de classificação na fase de teste. Assim, no futuro, o classificador GMM será hibridizado com o classificador SVM para criar um sistema de identificação de altifalantes independente do texto.

O atual sistema de reconhecimento da fala baseia-se em métodos estatísticos baseados em dados. Os métodos estatísticos baseados em dados provaram ter um melhor desempenho de reconhecimento do que os métodos baseados no conhecimento, embora, tal como atualmente formulados, os sistemas baseados em dados ignorem muita da informação no sinal acústico que é importante para o reconhecimento da fala humana. A capacidade de aprender através do exemplo é uma caraterística fundamental da abordagem baseada em dados e pode ser alargada para incorporar uma estrutura mais rica e para aprender caraterísticas fonéticas mais complicadas.

A prosódia não é utilizada no processo de desenvolvimento da atual ASR do Oriya. A utilização da prosódia melhorará o desempenho do reconhecedor automático de fala, porque a prosódia está relacionada com a sintaxe, a semântica, o discurso e a pragmática.

Nesta tese, foi criado um dicionário telefónico para a pronúncia de palavras em Oriya. É necessário aumentar o número de pronúncias no dicionário de pronúncia para lidar com as diferenças de pronúncia entre os falantes e os diferentes estilos de fala. No entanto, aumentar o número de pronúncias nem sempre ajuda, porque pode aumentar a confusão. No futuro, serão utilizados modelos de pronúncia que variam dinamicamente na arquitetura da ASR Oriya para lidar com falantes não nativos da língua Oriya.

Neste trabalho de investigação, o reconhecedor automático de fala Oriya foi desenvolvido para descodificar palavras faladas em Oriya isoladas e contínuas. No futuro, o ASR Oriya será alargado para lidar com a fala espontânea Oriya.

As técnicas de adaptação rápida do altifalante serão utilizadas no futuro desenvolvimento da ASR. Técnicas como a MLLR e a MAP precisam de uma quantidade razoável de dados de adaptação para obter o melhor desempenho. No entanto, é desejável que um método de adaptação comece a adaptar-se logo que os dados estejam disponíveis. Isto significa que, no caso do reconhecimento de um vocabulário pequeno, o sistema deve começar a adaptar-se logo que estejam disponíveis algumas palavras para o reconhecimento de um vocabulário grande.

"Isto não é o fim. Nem sequer é o princípio do fim. No entanto, este é o fim do começo."

-Winston **Churchill**

REFERÊNCIAS

[1] Douglas O'Shaughnessy Speech Communications: Human and Machine, 2ª Edição, Wiley-IEEE Press.

[2] **Mohanty, S, Swain, B.K,** "Emotion Recognition using Fuzzy K-Means from Oriya Speech" (Reconhecimento de emoções utilizando Fuzzy K-Means a partir do discurso Oriya) Edição especial da IJCCT Vol.1 Edição 2, 3, 4; 2010

[3] **Mohanty, S, Swain,B.K,** "Language Identification using Support Vetor Machine" *http://desceco.org/O-COCOSDA2010/proceedings/paper_43.pdf.*

[4] M. Zissman, "Comparison of four approaches to automatic language identification of telephone speech," IEEE Trans. Speech and Audio Processing, vol. 4, no. 1, pp. 31-44, 1996.

[5] Somnath Majumder e A.K.Dutta, ``Automatic recognition of isolated Bengali words", Proc. Int. Workshop intitulado ``Speech technology for man-machine interaction", Eds. PVS Rao e B B Kalia, Tata McGraw Hill, 1990, pp. 283-288.

[6] A. Black, P. Taylor e R. Caley. O sistema de síntese de fala do Festival. http://www.cstr.ed.ac.uk/projects/festival.html, 1998.

[7] **S. Mohanty, e B. K. Swain,** "Oriya Voice Conversional Text-To-Speech System" October26-28 Hsinchu, Taiwan. https://sites.google.com/site/ococosda2011/accepted-papers-list.

[8] Furui, S., "An overview of speaker recognition technology", Proceedings of ESCA Workshop on Automatic Speaker Recognition Identification and Verification, pp. 1-9, abril de 1994.

[9] Ganchev, T. et al. (2005). Avaliação comparativa de várias implementações de MFCC na tarefa de verificação de locutor. Em Proc. da SPECOM, **1**, 191-194.

[10] Hong, Q. e S.Kwong . Treinamento discriminativo para identificação de locutor baseado no algoritmo de distância máxima do modelo. Em Proc. da IEEE Int. Conf. Acoust., Speech, and Signal Processing, 25-28.

[11] Lei, Y. e J. Hansen (2010). Reconhecimento do locutor usando análise probabilística supervisionada de componentes principais. Em Proc. Interspeech, 382-385, 2010.

[12] Lu, X. e J. Dang). An investigation of dependencies between frequency components and speaker characteristics for text-independent speaker identification (Uma investigação das dependências entre componentes de frequência e caraterísticas do locutor para identificação do locutor independente do texto). Speech Communication, **50**(4), 312-322, 2008.

[13] L. R. Rabiner. Um tutorial sobre modelos de markov ocultos e aplicações selecionadas no reconhecimento da fala. páginas 256-286. Actas do IEEE, 1989.

[14] Dat Tat Tran, Fuzzy Approaches to Speech and Speaker Recognition, tese de doutoramento, 2000.

[15] Douglas A. Reynolds e Richard C. Rose "Robust Text-Independent Speaker Identification Using Gaussian Mixture Speaker Models" IEEE Trans. Audio, Speech, and Language Processing, vol. 3(1), pp. 72-83,1995.

[16] D. L. Wang e G. J. Brown, Eds., Computational auditory Scene Analysis: Principles, Algorithms and Applications. Hoboken, NJ: Wiley-IEEE Press, 2006.

[17] **Mohanty, S, Swain, B.K,** "E-Services for the Visually Challenged in India:Current Scenario and the Road Ahead" Special Issue of IJCCT Vol. 2 Issue 2, 3, 4; 2010.

[18] C.D. Manning e H. Schutze, Foundations of Statistical Natural Language Processing, 2nd ed., MIT Press 2000.

[19] Rabiner, L.R, Schafer, R.W, "Digital Processing of Speech Signals", Pearson Education, 1ª Edição, 2004.

[20] Quatieri,T.F., "Discrete-Time Speech Signal Processing Principles and Practice", Pearson Education, Third Impression 2007.

[21] Rose, P., Forensic Speaker Recognition. Taylor and Francis, Inc., Nova Iorque, 2002.

[22] Reynolds, D.A e Rose, R.C, Robust Text-Independent Speaker Identification using Gaussian Mixture Speaker Models IEEE Transaction on Speech and Audio Processing, vol. 3, No.1, Jan 1995.

[23] Assaleh, K. T. e R. J. Mammone, "Robust cepstral features for speaker identification," In Proc. of IEEE Int. Conf. Acoust., Speech, and Signal Processing,1994.

[24] E. B. Tazi, A. Benabbou, and M. Harti, "Efficient Text Independent Speaker Identification Based on GFCC and CMN Methods" ICMCS 2012, pp. 90-95.

[25] Shao Y. e. Wang D. L, Robust speaker recognition using binary time-frequency masks, in Proc. ICASSP, 1, 645-648, 2006.

[26] Reynolds D. A., Automatic speaker recognition using Gaussian mixture speaker models, Lincoln Lab. J., 8(2), 173-192, 1995.

[27] Campbell, J. P., "Speaker recognition: a tutorial," Proceedings of IEEE, vol. 85, no. 9, pp. 1437-1462, Sept. 1997.

[28] Keshet, J. e Bengio, S., Automatic Speech and Speaker Recognition: Large Margin and Kernel Methods, John Wiley & Sons, 2009.

[29] Huang, X., Acero, A. e Hon, H., "Spoken Language Processing: A Guide to Theory, Algorithm and System Development", Prentice Hall, 2001.

[30] Jurafsky, D. e Martin, J.H., "Speech and Language Processing: An Introduction to Natural Language Processing, Computational Linguistics, and Speech Recognition", Pearson Education Asia, 2000.

[31] Y. Shao e D. L. Wang, "Robust speaker identification using auditory features and computational auditory scene analysis," in Proc. IEEE ICASSP, 2008, pp. 1589-1592.

[32] A. Protopapas e P. Lieberman, "Fundamental frequency of phonation and perceived emotional stress", Journal of Acoustical Society of America, v. 101, n. 4, 1997.

[33] Md. Jahangir Alam, Patrick Kenny, Douglas O'Shaughnessy, "Low-variance Multitaper Mel-frequency Cepstral Coefficient Features for Speech and Speaker Recognition Systems," Cognitive Computation (Springer), dezembro de 2012.

[34] M. J. Alam, P. Kenny, D. O'Shaughnessy, "Extração robusta de caraterísticas para o reconhecimento da fala através da melhoria do espetro auditivo", Proc. INTERSPEECH, Portland Oregon, setembro de 2012.

[35] C. Kim e R. M. Stern, "Feature extraction for robust speech recognition using a power-law nonlinearity and power-bias subtraction," Proc. INTERSPEECH, Sept 2009.

[36] M. W. Mak e S. Y. Kung. Combinando a transformação estocástica de feautre e a identificação do aparelho para a verificação do orador com base no telefone. Em Proc. do IEEE, ICASSP, páginas 1701-1704, 2002.

[37] **Mohanty, S, Swain, B.K,** Double Ended Speech Enabled System in Indian Travel & Tourism Industry, 2013 IEEE International Conference on Computational Intelligence and Computing Research, Tamilnadu, Índia.

[38] Duda, R. O., Hart, P. E., e Stork, D. G., Pattern Classification. Wiley India, 2007.

[39] Hric, M., Support Vetor Machine Based Approach for Speaker Characterization, tese de doutoramento, 2012.

[40] Christopher M. Bishop, Pattern Recognition and Machine Learning, Springer, 2006.

[41] B.Yegnanarayana e S. Kishore. AANN: uma alternativa ao GMM para reconhecimento de padrões. Neural Networks, páginas 459-469, 2002.

[42] E.S.Gopi, Algorithm Collections for Digital Signal Processing Applications Using Matlab, Springer, Netherlands, 2007.

[43] **S. Mohanty, and B. K. Swain**, "Isolated Oriya Digit Recognition using DTW in Oriya Speech Processing" Proceedings of NCICT-2011, Allied Publishers Pvt. Ltd. New Delhi.

[44] Giorgino, T., Computing and Visualizing Dynamic Time Warping Alignments in R: The DTW Package, 2009. www.jstatsoft.org/v31/i07.

[45] W.H. Abdulla, D. Chow, G. Sin, "Cross-words reference template for dtw-based speech recognition systems", In Proceedings of TENCON 2003: Conferência sobre Tecnologias Convergentes para a Região Ásia-Pacífico, volume 4, Bangalore, Índia, outubro de 2003.

[46] **Mohanty, S, Swain,B.K,** "SPEAKER IDENTIFICATION USING DTW FOR ORIYA LANGUGAE" Simpósio Internacional sobre a Fronteira da Investigação da Fala e da Música (FRSM 2009), 15-16 de dezembro de 2009.

[47] Teixeira, C. ; Trancoso, I. ; Serralheiro, A.: Identificação de acentos. In: Proc. Conferência Internacional sobre Processamento da Linguagem Falada (ICSLP) vol. 3, 1996.

[48] Narayanaswamy, B. e Rashmi Gangadharaiah, R. Extraindo informações adicionais das probabilidades de mistura gaussiana para uma melhor identificação do locutor independente do texto. Em Proc. do IEEE, ICASSP, março de 2005.

[49] Adami, A., Mihaescu, R., Reynolds, D. A. e Godfrey, J. J., "Modeling prosodic dynamics for speaker recognition," in Proceedings of the International Conference on Acoustics Speech and Signal Processing, 2003, pp. IV-788-IV-791.

[50] Doddington, G., "Speaker recognition based on idiolectal differences between speakers," in Proceedings of Eurospeech, 2001, pp. 2521-2524.

[51] K. Cummings e M. Clements, "Analysis of the glottal excitation of emotionally styled and stressed speech", Journal of the Acoustical Society of America, v. 98, n. 1, pp. 88-98, 1995.

[52] Mohanty, S., Bhattacharya, S., Bose, S., Swain, S., An Approach To Parametric based Mood Analysis In Oriya Speech Processing ,Proceedings of the International Symposium Frontiers of Research on Speech and Music(FRSM-2005),January 6-7,2005,pp.105-109.

[53] Long, M., Architectural Acoustics, Elsevier Academic Press, 2006.

[54] Benesty, J., Sondhi, M. M., Huang, Y., Hand Book of Speech Processing , Springer-Verlag Berlin Heidelberg 2008.

[55] Jelinek, F., "Statistical Methods for Speech Recognition", MIT Press, 1997.

[56] Wang, Y., Deng, L.,. Acero, A., "Spoken Language Understanding - An Introduction to the Statistical Framework", IEEE Signal Processing Magazine, Vol 27 No. 5. setembro de 2005.

[57] Laroche, J. e Dolson, M. Modificação melhorada da escala de tempo do vocoder de fase do áudio. IEEE Trans. on Speech and Audio Processing 7(3): 323-332, 1999.

[58] Minker, W., Bennacef, S., Speech and Human-Machine Dialog, Kluwer Academic Publishers, 2004.

[59] http://en.wikipedia.org/wiki/Oriya_language.

[60] Morales, N., Neumann, S., Oriya Language Manual, Universidade do Texas, verão de 2011.

[61] Maharana, R., Odia Bhasara Prayogika Ruparekha, Mita Books Publisher, Cuttack, 2008.

[62] Mahapatra, N., Das, S., Sarbasara Byakarana, M/s New Students, 2009.

[63] Kale, M.R., A Higher Sanskrit Grammar, Motilal Banarasidass Publishers Pvt, Ltd, 2011.

[64] Guru, K. P., Hindi Byakarana, Sabnam Pustak Mahal, Badambadi, Cuttack, 2010.

[65] Koul, O. N., Modern Hindi Grammar, Dunwoody Press, EUA, 2008.

[66] Vary, P., Martin, R., Digital Speech Transmission-Enhancement, Coding and Error Concealment, John Wiley & Sons Ltd, 2006.

[67] Keshet, J., Bengio, S., *Automatic Speech and Speaker R ecognition: Large Margin and Ker n el Methods,* John Wiley & Sons, 2009.

[68] Samudravijaya K e Maria Barot. A comparison of public domain software tools for speech recognition. páginas 125-131. Workshop sobre Processamento de Linguagem Falada, 2003.

[69] Samudravijaya, K., "Hindi Speech Recognition", J. Ac. Soc.India, vol.29,no.1,2001.

[70] Kumar, K. e Aggarwal, R. K., "Hindi Speech Recognition System Using HTK", International Journal of Computing and Business Research, Volume 2 Issue 2 May 2011.

[71] Gaikwad, S.; Gawali, B.; Mehrotra, S. C.; -POLLY CLINIC INQUIRY SYSTEM USING IVR IN MARATHI LANGUAGE‖, International Journal of Machine Intelligence, Volume 3, Issue 3, 2011.

[72] Sarfraz, H.; Hussain, S.; Bokhari, R.; Raza, A. A.; Ullah, I.; Sarfraz, Z.; Pervez, S.; Mustafa, A.; Javed, I.; Parveen, R., -Large Vocabulary Continuous Speech Recognition for Urdu, Conferência Internacional sobre Fronteiras da Tecnologia da Informação, Islamabad, 2010.

[73] C. Becchetti, and L. P. Ricotti, "Speech recognition theory and C++ implementation", Jhon Wiley & Sons,2009.

[74] Gauvain, J., e Lamel, L., Large Vocabulary Speech Recognition Based on Statistical Methods, CRC Press LLC, 2003.

[75] Y. Shao, S. Srinivasan, Z. Jin, and D. Wang," A computational auditory scene analysis system for speech segregation and robust speech recognition," Comput. Speech Lang.Elsevier, vol. 24, no. 1, 2010.

[76] Alam, M. J., Kenny, P., O'Shaughnessy, D., "Robust Feature Extraction for Speech Recognition by Enhancing Auditory Spectrum," Proc. INTERSPEECH, Portland Oregon setembro de 2012.

[77] Lawrence Rabiner e Biing-Hwang Juang. Fundamentals of SpeechRecognition. Englewood Cliffs, NJ: Prentice Hall, 1993.

[78] Lakshmi, A. e H. A. Murthy Um reconhecedor de fala contínua baseado em sílabas para Tamil. Em Proc. do ICSLP, 1878 - 1881, 2006.

[79] Juang B. H, "Pattern Recognition in Speech and Language Processing", CRC Press, 2003.

[80] Murthy, H. A. e B. Yegnanarayana . Extração de formantes a partir da função de atraso de grupo. Speech Communication, 1991.

[81] D. Berndt, J. Clifford, "Using Dynamic Time Warping to Find Pattern in Time Series", AAAI-94 work shop on Knowledge Discovery in Database, Seattle, Washington.

[82] Pensiri R. e S. Jittapankul, "Speaker-Independent Thai numerical voice recognition by dynamic time warping," In Proceedings of the 18th Electrical Engineering Conference, pp. 977-981. 1995.

[83] Bhatti M W, Wang Y & Guan L, A neural network approach for human emotion recognition in speech, 0-7803-8251-X/04/2004 IEEE.

[84] Beale M H, Hagan M T, Demuth H B, Neural Network Toolbox User's Guide.

[85] Haykin, S., Artificial Neural Networks: A Comprehensive Foundation. Prentice-Hall Inc., 2007, 3ª edição.

[86] Nakamura, M., Tsuda, K., Aoe, J., "A New Approach to Phoneme Recognition by Phoneme Filter Neural Networks". Ciências da Informação Elsevier, Vol. 90, 1996, pp. 109-119.

[87] **S. Mohanty e B. K. Swain,** Análise de vogais para identificar a expressão de emoções na linguagem falada em Odia. Revista Internacional de Aplicações Informáticas, 2012.

[88] **S. Mohanty, and B. K. Swain,** Spoken Keyword Based Speech Recognizer for Extracting Information, International Journal of Emerging Technologies in Computational and Applied Sciences, 6(4), September-November, 2013, pp. 326-330.

[89] Rabiner. L. R., A tutorial on hidden markov models and selected applications in speechrecognition. páginas 256-286. Proceedings of the IEEE, 1989.

[90] Gales, M., Young, S., The Application of Hidden Markov Models in speech Recognition, Now Publishers Inc., 2008.

[91] Lopez-Poveda, E., Meddis, R. "A Human Nonlinear Cochlear Filterbank," The Journal of the Acoustical Society of America,Vol. 110, No. 6, pp. 3107-3118, dezembro de 2001.

[92] Patterson, R. D., Nimmo-Smith, I., Holdsworth, J. e Rice, P. "An efficient auditory filterbank based on the Gammatone function," Appl. Psychol. Unit, Universidade de Cambridge, 1988.

[93] Assaleh, K. T. e R. J. Mammone, "Robust cepstral features for speaker identification," In Proc. of IEEE Int. Conf. Acoust., Speech, and Signal Processing,1994.

[94] Irino T., Patterson R. D., 1997, A time-domain, leveldependent auditory filter: the gammachirp, J. Acoust. Soc. Am., 101, 412-419.

[95] Shao, Y. , Jin, Z., Wang, D., Srinivasan, S. "An auditory-based feature for robust speech recognition," in the proceedings of IEEE Acoustics, Speech and Signal Processing, 2009.

[96] V. Vapnik. The Nature of Statistical Learning Theory. Springer-Verlag, 1995.

[97] Joachims, T., Learning to Classify Text Using Support Vetor Machines, Kluwer Academic Publishers, 2002.

[98] Schlkopf, B., Smola, A. J., Learning with kernels: support vetor machines, regularization, optimization, and beyond adaptive computation and machine learning. MITPress, Cambridge, 2002.

[99] Collobert, R., Bengio, S., "SVMTorch: Máquinas de vectores de suporte para problemas de regressão em grande escala", Journal of Machine Learning Research, vol. 1, 2001.

[100] Shawe-Taylor, J. e N. Cristianini, Kernel Methods for Pattern Analysis. Cambridge University Press, 2004.

[101] Boser, E., Guyon, I., V. Vapnik. "A training algorithm for optimal margin classifiers," In Proceedings of the Fifth Annual Workshop on Computational Learning Theory, ACM Press, 1992.

[102] James, G., Witten, D., Hastie, T., Tibshirani, R., An Introduction to Statistical Learning with Applications in R, Springer New York Heidelberg Dordrecht London, 2013.

[103] Campbell,W. M., D. E. Sturim, e D. A. Reynolds Support VectorMachines using GMMSupervectors for Speaker Verification. *IEEE Signal Processing Letters*, 2006.

[104] **S. Mohanty, and B. K. Swain,** "Speaker Identification from Oriya Voices Using SVM", International Journal of Innovations and Advancement in Computer Science, Volume 3, Issue 8, October 2014.

[105] http://www.csie.ntu.edu.tw/~cjlin/papers/guide/guide.pdf.

[106] W. M. Campbell, "Generalized linear discriminant sequence kernels for speaker recognition," in Proceedings of the International Conference on Acoustics Speech and Signal Processing, 2002.

[107] Benayed, Y. et al., Medidas de confiança para a deteção de palavras-chave utilizando máquinas de vectores de apoio. Em Proc. da IEEE Int. Conf. Acoust., Speech, and Signal Processing, 2003.

[108] Han.J, Kamber.M. Data Mining Concepts and Techniques, MorganKaufmann Publishers, segunda edição, 2006.

[109] Vaseghi, S.V.: Advanced Digital Signal Processing and Noise Reduction, 3rd edn. Wiley and Sons, 2001.

[110] Boll, S.F.: Supressão do ruído acústico na fala utilizando a subtração espetral. IEEE Trans. Acoust., Speech, Signal Processing ,1979.

[111] **S. Mohanty, and B. K. Swain,** "Adaptive and Iterative Wiener Filterfor Oriya Speech Processing Applications" LNCS 7172, pp. 207-214, 2012. © Springer-Verlag Berlin Heidelberg 2012.

[112] Ifeachor,E.,C. "Digital Signal Processig A PracticalApproach "Pearson Education,2nd Edition.

[113] Wang, Y.-Q. and Gales, M. J. F. "Speaker and noise factorization for robust speech recognition," IEEE Transactions on Audio, Speech, and Language Processing, vol. 20, no. 7, pp. 2149-2158, 2012.

[114] Paulo S.R. Diniz, Algoritmo de Filtragem Adaptativa e Implementação Prática, 2nd Edition, Springer.

[115] Varga, A., Steeneken, H. J. M. "Assessment for automatic speech recognition II: NOISEX-92: uma base de dados e uma experiência para estudar o efeito do ruído aditivo nos sistemas de reconhecimento da fala", *Speech Comm.*, vol. 12, 1993.

[116] **Mohanty, S, Swain,B.K,** "Speech Enhancement using Adaptive and Iterative Wiener Filter" FRSM/CMMR - 2011.

[117] Sítio Web do software Praat: http://www.fon.hum.uva.nl/praat.

[118] Samudravijaya, K., "Hindi Speech Recognition", J. Ac. Soc.India, vol.29,no.1,2001.

[119] Ganapathiraju, A., Hamaker, J, Picone, J. , Ordowski, M. e Doddington, G. R. "Syllable Based Large Vocabulary Continuous Speech Recognition", *IEEE Transactions on Speech and Audio Processing*, Volume 9, No.

[120] **Mohanty, S, Swain,B.K,** "Continuous Oriya Digit Recognition using Bakis Model of HMM" International Journal of Computer Information Systems, Vol. 2, No. 1, 2011.

[121] **Mohanty, S, Swain,B.K,** "Markov Model Based Oriya Isolated Speech Recognizer-An Emerging Solution for Visually Impaired Students in School and Public Examination." Edição especial do IJCCT Vol. 2 Edição 2, 3, 4; 2010.

[122] Fink, G. A., Markov Models for Pattern Recognition From Theory to Applications ,Springer-Verlag Berlin Heidelberg 2008.

[123] Wessel, F., Schluter, R. Macherey, K. e Ney, H., "Confidence Measures for Large Vocabulary Continuous Speech Recognition", IEEE Trans. on Speech and Audio Proc., 9(3):288-298, 2001.

[124] Skowronski M. D., Harris J. G., Increased MFCC filter bandwidth for noise-robust phoneme recognition, in Proc. ICASSP-2002, Florida.

[125] **www.cs.cm.edu/~archan**

[126] Jean-Luc Gauvain e Lori Lamel, Large Vocabulary Speech Recognition Based on Statistical Methods, CRC Press LLC, 2003.

[127] Samudravijaya K. ,Smitha Nair, Minette D'lima, "Recognition of spoken number", Proc.sixth Int. workshop on Recent Trends in speech, Music and Allied Signal Processing, New Delhi, 2001,pp. 1-5.

[128] Gales, M. J. F., Young, S. J. , "Robust continuous speech recognition using parallel model combination," *IEEE Trans. Speech Audio Processing*, 1996.

[129] Jelinek, F. , Statistical methods for speech recognition. Cambridge, MA: MIT Press, 1997.

[130] Placeway, P., et al. "The 1996 hub-4 sphinx-3 system", em *Proc. Workshop de Reconhecimento de Fala da DARPA*. 1997.

[131] Hughes, T. B., Kim, H. S., DiBiase, J. H., & Silverman, H. F. , Performance of an HMM speech recognizer using a real-time tracking microphone array as input. IEEE Transactions on Speech and Audio Processing, 1999.

[132] Deoras, A. N., Hasegawa-Johnson, M. "A fatorial HMM approach to simultaneous recognition of isolated digits spoken by multiple talkers on one audio channel," in *Proc. IEEE ICASSP*, 2004.

[133] **Mohanty, S, Swain,B.K,** "S2S System for Voice Oriented Tourism Information Delivery in Indian Context" , Actas da 16.ª Conferência Internacional do IEEE sobre OCOCOSDA / CASLRE, Noida, Deli, Índia, 25-27 de novembro de 2013.

[134] Mosur K. Ravishankar, Efficient Algorithms for Speech Recognition, Tese de Doutoramento, Escola de Ciências da Computação, CMU, Pittsburgh, 1996.

[135] Paul, L., et al. "Conceção do descodificador CMU sphinx-4". INTERSPEECH. 2003.

[136] **Mohanty, S, Swain, B.K,** "Speech Input-Output System in Indian Farming Setor" (Sistema de entrada e saída de voz no sector agrícola indiano), Procedimentos da Conferência Internacional IEEE de 2012 sobre Inteligência Computacional e Investigação Computacional, Tamilnadu, Índia.

LISTA DE PUBLICAÇÕES BASEADAS NA TESE

[1] **Mohanty, S, Swain, B.K,** "Emotion Recognition using Fuzzy K-Means from Oriya Speech" Special Issue of IJCCT Vol.1 Issue 2, 3, 4; 2010.

[2] **Mohanty, S, Swain,B.K,** "Language Identification using Support Vetor Machine" http://desceco.org/O-COCOSDA2010/proceedings/paper_43.pdf.

[3] **S. Mohanty, e B. K. Swain,** "Oriya Voice Conversional Text-To-Speech System" October26-28 Hsinchu, Taiwan. https://sites.google.com/site/ococosda2011/ accepted-papers-list.

[4] **Mohanty, S, Swain, B.K,** "E-Services for the Visually Challenged in India:Current Scenario and the Road Ahead" Special Issue of IJCCT Vol. 2 Issue 2, 3, 4; 2010.

[5] **Mohanty, S, Swain, B.K,** Sistema de fala de extremidade dupla na indústria indiana de viagens e turismo, Conferência Internacional IEEE 2013 sobre Inteligência Computacional e Investigação Computacional, Tamilnadu, Índia. (Recebeu o prémio de melhor artigo)

[6] **S. Mohanty, and B. K. Swain**, "Isolated Oriya Digit Recognition using DTW in Oriya Speech Processing" Proceedings of NCICT-2011, Allied Publishers Pvt. Ltd. New Delhi.

[7] **Mohanty, S, Swain,B.K,** "SPEAKER IDENTIFICATION USING DTW FOR ORIYA LANGUGAE" Simpósio Internacional sobre a Fronteira da Investigação da Fala e da Música (FRSM 2009), 15-16 de dezembro de 2009.

[8] **S. Mohanty e B. K. Swain,** Análise de vogais para identificar a expressão de emoções na linguagem falada em Odia. Revista Internacional de Aplicações Informáticas (0975 - 8887) 2012.

[9] **S. Mohanty, and B. K. Swain,** Spoken Keyword Based Speech Recognizer for Extracting Information, International Journal of Emerging Technologies in Computational and Applied Sciences, 6(4), September-November, 2013, pp. 326-330.

[10] **S. Mohanty, and B. K. Swain,** "Speaker Identification from Oriya Voices Using SVM", International Journal of Innovations and Advancement in Computer Science, Volume 3, Issue 8, October 2014.

[11] **S. Mohanty, and B. K. Swain,** "Adaptive and Iterative Wiener Filterfor Oriya Speech Processing Applications" LNCS 7172, pp. 207-214, 2012. © Springer-Verlag Berlin Heidelberg 2012.

[12] **Mohanty, S, Swain,B.K,** "Continuous Oriya Digit Recognition using Bakis Model of HMM" International Journal of Computer Information Systems, Vol. 2, No. 1, 2011.

[13] **Mohanty, S, Swain,B.K,** "Markov Model Based Oriya Isolated Speech Recognizer-An Emerging Solution for Visually Impaired Students in School and Public Examination." Edição especial do IJCCT Vol. 2 Edição 2, 3, 4; 2010.

[14] **Mohanty, S, Swain,B.K,** "S2S System for Voice Oriented Tourism Information Delivery in Indian Context" , Actas da 16.ª Conferência Internacional do IEEE sobre OCOCOSDA / CASLRE, Noida, Deli, Índia, 25-27 de novembro de 2013.

[15] **Mohanty, S, Swain, B.K,** "Speech Input-Output System in Indian Farming Setor" (Sistema de entrada e saída de voz no sector agrícola indiano), Procedimentos da Conferência Internacional IEEE de 2012 sobre Inteligência Computacional e Investigação Computacional, Tamilnadu, Índia.

[16] **Mohanty, S, Swain,B.K,** "Speech Enhancement using Adaptive and Iterative Wiener Filter" FRSM/CMMR - 2011.

Printed by Books on Demand GmbH, Norderstedt / Germany